図解即戦力

ITIL®

LICENSED BY AXELOS

公式認定本

ITIL《アイティル》® 4の知識と実践がしっかりわかる教科書

これ1冊で

アビームコンサルティング株式会社
加藤 明
Akira Kato

技術評論社

はじめに

先行きが不透明で、将来の予測が困難(VUCA)な時代が到来し、企業に求められるITサービス提供の在り方も変化しています。「業務を円滑に遂行するための効率的・効果的なITサービス提供」だけではもはや不十分で、「競合他社に打ち勝つための迅速で柔軟なITサービス提供」を可能にする組織への変革が求められています。

そのためには、ITサービスマネジメントの手法をアップデートすることが必要です。本書で解説するITIL® 4※1は、市場ニーズの変化に適用するために、2019年初頭にリリースされたITサービスマネジメントフレームワークの最新バージョンです。リリースから約4年が経過し、海外ではすでに多くの適用事例が紹介されています。

しかしながら、日本への浸透スピードが他国に比べて遅く、実践的に活用されている事例が少ないのが実態ではないでしょうか。著者はその最大の理由が、「日本語でわかりやすくかつ実践的な解説書」が存在しないことにあると考えており、今回本書を執筆する動機付けとなっています。

本書は、ITIL 4のコンセプトを図やイメージを使いながら、すでにITILを学習、活用してきた方だけでなく、今回初めて学習される方にも理解できるようわかりやすく伝えることを強く意識しています。さらに、我々がコンサルティング現場で経験したノウハウを織り交ぜて解説することで、事業部門も含めた自社サービスの企画、開発、運用保守やDX推進に関わるマネジメントまたは現場担当者が、ITIL活用のメリットや具体的に取り組むためのヒントを得られるよう構成しました。加えて、実務では様々なフレームワークが適用されているケースも多いため、関連するフレームワークについても触れています。

またDL特典として、本書で説明するITILの理解度を認定する「ITILファンデーション認定資格試験」にチャレンジする方向けに、模擬試験（解説付き）を提供しています。受験されない方も理解度を確認するためにご活用いただくことが可能です。

本書がデジタル時代のサービスマネジメントを推進していくための知識の最新化及び実践するための一助となれば，これに勝る喜びはありません。

2023年10月
アビームコンサルティング株式会社
加藤　明

DL特典について

本書を購入いただいた方向けの特典として、「ITIL 4ファンデーション認定試験」の模擬問題と解説をダウンロードできます。

ダウンロードの方法やご利用上の注意点については、サポートページの「ダウンロード」以下の説明をお読みください。

● **サポートページのURL**

https://gihyo.jp/book/2023/978-4-297-13801-1/support

「ITIL 4ファンデーション認定試験」は、ITIL 4の基礎的な理解を問われる試験であり、ITILを初めて学習する方に有益な内容となっています。またITIL 4は、デジタル時代に適用できるように内容が大幅にアップデートされているため、以前のバージョン（ITIL v3など）でファンデーションを取得された方も、知識をアップデートする過程でぜひ受験していただければと思います。特典では、試験の概要やおすすめの学習方法も紹介しております。

目次 Contents

3章

ITIL 4の主要概念① 4つの側面

4章

ITIL 4の主要概念② SVS

5章
バリューストリーム ユーザサポート業務

6章

バリューストリーム 新サービス導入

7章

カスタマー・ジャーニー

8章

ITILに関連するフレームワーク

1章

デジタル時代のIT サービスマネジメント

本章では、デジタル時代におけるITサービスマネジメントのベストプラクティスであるITIL 4誕生の背景から、ITサービスマネジメントおよびITIL 4の概要、主要なコンセプトについて学びます。

01 デジタル時代とは

技術革新により世の中が大きく変化するデジタル時代が到来し、サービスをマネジメントする能力の重要性が高まっています。ITIL 4の内容とその価値を理解するためには、このような時代の変化を押さえておく必要があります。

デジタル時代とは

第4次産業革命という言葉をご存知でしょうか？　インダストリー4.0とも呼ばれ、IoT（モノのインターネット）、ビックデータ、AI（人工知能）、ロボット、ブロックチェーンなどの技術革新のことです。これらの技術革新は、さまざまな産業およびビジネスに大きな変革をもたらしています。

例えば、製造業界ではIoTやビックデータを活用し、工場の機械や車両の稼働状況をリモートで把握して分析する試みがなされています。これによって、故障が起きる前のメンテナンス実施（予防保全）、稼働状況に応じた燃料費の最適化などが可能になっています。

また、金融業界ではAIを活用し、クレジットカードの不正利用、サイバー攻撃や資金の不正送金の検知などが行われています。さらに、信用力をスコアリングして融資の可否を判断するために、AIが活用されることもあります。

このような技術革新に活用される技術を**デジタル技術**、そして技術革新によりさまざまな産業およびビジネスに大きな変革がもたらされる時代を、本書では**デジタル時代**と呼びます。

デジタル時代におけるビジネスとITの関係

デジタル時代の到来により、ビジネスとITの関係性も大きく変わります。これまでのビジネスとITの関係は、**ビジネスを効率的・効果的に行うためにITを活用する**というものでした。したがって、ITの活用範囲は生産・販売・財務・人事などの業務効率化や生産性向上、メールやコラボレーションツールなどの情報管理・コラボレーションが中心となります。また、組織の視点ではIT部門が事業部門に対して一方向的にITサービスを提供するという関係でした。

それに対してデジタル時代では、IoTやビックデータ、AIなどのデジタル技術を活用してビジネスを変革することが求められており、ビジネスとITを切り離すことはできません。つまり、**ビジネスとITが共創して価値を生み出していく**関係へのシフトが必要なのです。

組織の視点でも、事業部門とIT部門が一体となってチーム（または組織）を組成し、サービスを共創する関係性を築く必要があります。よって、チームメンバーを考慮する際のポイントも「どの部門に所属しているか」ではなく、「どのような能力を有しているか」に変わってきます。もちろん、従来の関係性がすべてなくなったわけではありません。ITに求められる範囲が広がったことで、サービスの特性に応じて適切に選択していく必要があります。

このようにビジネスとITが一体となり、サービスを共創・運営していく中で、**様々な特性のサービスを効率的・効果的にマネジメントする能力の有無が、その組織の競争優位性を決定づける重要な要素**となっています。この能力が**ITサービスマネジメント**であり、そのベストプラクティスが本書で説明する**ITIL 4**です。ITIL 4については次節より説明いたします。

■ビジネスとITの関係性の変化

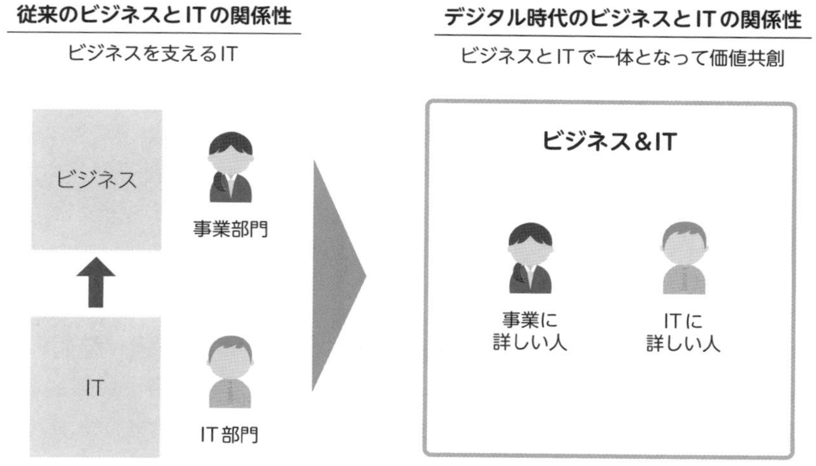

VUCA時代とは

もう1つ、ITIL 4を理解するために押さえておくべき概念があります。それが、**VUCA**です。VUCAとは、Volatility（変動性）、Uncertainty（不確実性）、Complexity（複雑性）、Ambiguity（曖昧性）の頭文字を並べたものです。

現代はデジタル時代であると同時に、VUCA時代でもあります。つまり、**現在の社会経済環境が極めて予測困難な状況に直面しており、これまでの価値観やビジネスモデル、成功体験が通用しなくなる時代**であるということです。

・Volatility（変動性）

Volatility（変動性）とは、**社会の仕組みや顧客ニーズなど、あらゆる環境変化のスピードが速いこと**です。例えば、テクノロジーの進化があげられます。昨今では、スマートフォンを一人一台持っているのが当たり前となり、SNSや電子決済アプリなど様々なニーズに対応するサービスがモバイルアプリとして提供されています。また、皆さんのご家庭にある家電製品をインターネットに接続することで、IoT製品としてリモートから操作したり、監視したりすることが簡単にできるようになっています。

・Uncertainty（不確実性）

Uncertainty（不確実性）とは、**自然環境や政治、制度などで唐突に発生する問題を予測できないこと**です。例えば、世界の各地でこれまで考えられなかった規模の災害が発生しています。これによって、停電や物理的な破壊によるサービス停止が起こっています。また、政治による国家間の対立もその1つです。戦争が起きることで、特定の原材料や製品が輸入できなくなり、サービスの価格高騰や利用停止などが簡単に起こってしまいます。

・Complexity（複雑性）

Complexity（複雑性）とは、**組織を取り巻く環境において、法律や文化、常識など様々な要因が絡み合うこと**です。例えば、「持続可能な開発目標」と訳されるSDGs（Sustainable Development Goals）への取り組みが該当します。これまでの売り上げや利益至上主義の企業経営から、人類が安定して暮らし続けることができる持続可能な企業経営へ、価値のシフトが起こっています。サービスを利用する際にも、そのサービスが経済的な観点だけではなく、地球環境や社会へどのように貢献しているかが評価されます。

・Ambiguity（曖昧性）

Ambiguity（曖昧性）とは、**因果関係が不明で、前例のない出来事が増加すること**です。例えば、多様性が該当します。画一的なサービスを提供すれば売れる時代は終わり、今は顧客ニーズが多様化しています。よって、これまで以上に常に顧客ニーズの変化を早期に把握し、そのニーズに対応することが求められています。

■ VUCAとは

現在はVUCAと呼ばれる、変動・不確実・曖昧な時代
サービス提供者である企業には、俊敏性と柔軟性を持った行動が求められる

V Volatility 変動性	U Uncertainty 不確実性	C Complexity 複雑性	A Ambiguity 曖昧性
社会の仕組みや顧客ニーズなど、あらゆる環境変化のスピードが速い	自然環境や政治、制度などで唐突に発生する問題を予測できない	組織を取り巻く環境において、法律や文化、常識など、様々な要因が絡み合う	因果関係が不明で、前例のない出来事が増加する

このように、現代がデジタル時代・VUCA時代であることを踏まえたとき、サービスをどのように提供・管理していけばよいのでしょうか。次節より具体的に見ていきましょう。

まとめ

- **デジタル時代は、デジタルテクノロジーによりビジネス変革が起きる時代**
- **ビジネスとITの関係性が変化し、もはやビジネスとITは一体化している**
- **VUCA時代を理解したうえで、サービスを考えることが肝要**

02 ITサービスマネジメントとは

ITサービスマネジメントとは、「顧客にとって価値がある」サービスを実現する「組織の専門能力」の集まりのことです。サービス提供には、様々な人材および能力が必要となります。

ITサービスマネジメントとは

ITサービスマネジメントとは、**「顧客にとって価値がある」ITサービスを提供するために必要な「組織の専門能力」**を総称した概念です。少しわかりづらい言葉ではありますが、ポイントは「顧客にとっての価値」と「組織の専門能力」の2つです。それぞれの意味を具体的に見ていきましょう。

顧客にとって価値がある

1つ目は**顧客にとって価値がある**ことです。ITサービスマネジメントは、サービスを提供する側の目線で考えるのではなく、「顧客にとっての価値は何か？」を常に問い続け、顧客の期待値に応えることを大切にしています。これを**顧客視点**と言います。

コールセンター・サービスを例に、顧客視点を考えてみましょう。製品の使い方がわからないため電話をすると、音声案内が流れます。案内に従って番号を選択しても、なかなか担当者に繋がりません。ようやく繋がったと思ったら、担当者が違うと転送され、結局1時間以上電話で拘束された上に、問題解決まで1週間以上の時間を要しました。これは価値あるサービスと言えるでしょうか？

もちろんNoです。なぜなら顧客にとっての価値は、「正確に・早く悩みが解決すること」であり、その期待値を満たしたサービスが提供されていないからです。このようにITサービスマネジメントにおいては、サービス提供側の効率性に偏ることなく、顧客視点に立って価値を捉える必要があります。

価値は顧客によって異なる

顧客にとっての価値を考えるにあたって、もう1つ重要なことがあります。それは、**顧客によって感じる価値が異なる**という点です。

例えば、ドリンクバーサービスを例に考えてみましょう。「ドリンクバーは好きですか？嫌いですか？」と質問されたら、あなたはどう答えますか？

ある人はこう答えるかもしれません。「私は好きです。なぜなら、価格が安く、好きだけドリンクが飲めるからです」。その一方で「私は嫌いです。なぜなら、あまりおいしいとは言えないし、そんなに何杯も飲みたくないからです」という人もいるでしょう。また、嫌いと答えた人でも、灼熱の砂漠で歩いているときにドリンクバーのサービスがあったら、好きになるかもしれません。

このように、同じドリンクバーというサービスであっても、顧客の好みや置かれている状況によって、感じる価値は異なるのです。したがって、ITサービスマネジメントにおいては、変化する顧客の期待値を正しく捉え、継続的にその期待値に応えていく必要があります。

組織の専門能力

2つ目は、**組織の専門能力**です。日本では、「ITサービスマネジメント＝ITの運用保守におけるマネジメント」と考えられていることがありますが、ITサービスマネジメントの範囲は、運用保守だけではありません。ITサービスをマネジメントするためには、戦略や企画から運用保守までを通して、包括的な視点でサービス全体を考える必要があります。また、組織横断的に求められる財務・経理や人事なども、サービスを支える能力として必要となります。

組織にいる人の役割と必要な専門能力の例を、次ページに整理しました。ただし、これらはあくまで能力の一例であり、他にも共通的に求められるような専門能力があります。例えば、組織をまたがって物事を進めるための**交渉・調整能力**、人にわかりやすく伝えるための**ドキュメンテーション能力、プレゼンテーション能力、課題解決能力、ロジカルシンキング**などです。また、新たなサービスをつくる場合は、イノベーションを生み出すための**アート思考やデザイン思考の能力**が必要とされることもあるでしょう。

■ ITサービスマネジメントに関わる人の役割と必要な能力

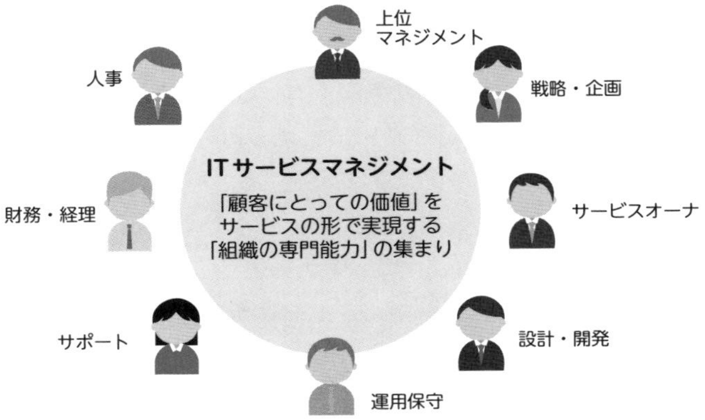

役割	必要な能力
上位マネジメント（CEO、CIOなど）	組織全体のリソース配分を意思決定し、組織全体を統治する意思決定能力
戦略・企画担当	自社が競争優位性を獲得できる組織全体の戦略およびアーキテクチャをデザインできる能力
サービスオーナ	サービスに対する説明責任を持ち、コーディネートするプロデュース能力
設計・開発担当	サービスを適切な品質・コスト・納期で設計・開発する、プロジェクト管理および設計・開発能力
運用保守担当	サービスの価値を顧客に継続的に提供し、成果を生み出す実行能力
サポート担当	顧客の立場に立って迅速にトラブルを解決するコミュニケーション・コラボレーション能力
財務・経理担当	サービスコストを可視化し、意思決定を支援する能力
人事担当	サービスを支える人材を採用、評価、育成する能力

これらの専門能力は1人で複数持つことが期待されており、これを**T型人材**と呼びます。Tの横棒がビジネスマンとして基礎となる専門能力、Tの縦棒がより専門性が高い能力のイメージです。このように様々な専門能力を持つ個人がチームとして補完し合い、顧客にとって価値あるITサービスを組織として提供します。

組織の専門能力は人の能力だけではない

組織の専門能力の1つとして「人の能力」を説明しましたが、これだけが備わっていれば、顧客にとって価値あるITサービスが提供できるわけではありません。その人が価値を提供するためには、価値を提供するまでの仕事のステップや具体的な業務そのものを整理する必要があります。また、ITサービスを使うためには**どのようなデジタルテクノロジーが最適なのかを検討し、それらを組織として使いこなす能力**も必要になります。

さらに昨今では、自社だけですべてをまかなうことが難しいケースも多いため、**パートナーシップなどによって他社と提携し、協力関係を構築する能力**も欠かせません。ITサービスマネジメントは、このような能力を総称して「組織の専門能力」と呼んでいます。

■ 組織の専門能力の例

- 組織が適切に機能するための体制や役割分担
- 組織全体を統治するための意思決定ルールや会議体
- 様々な技術動向を把握し、自社サービスに取り込む能力
- サービスを管理するために必要なプロセスやツール
- サービス提供を支援するパートナおよびサプライヤとの提携

まとめ

- **ITサービスマネジメントとは、「顧客にとっての価値」をサービスの形で実現する「組織の専門能力」の集まり**
- **「顧客にとっての価値は何か?」を常に問い続けることが大切**
- **組織の専門能力は、人の能力だけではなく、仕事のステップやデジタルテクノロジー、パートナーシップなど、包括的な専門能力を指す**

03 ITILとは

ITILは、ITサービスマネジメントのベストプラクティスです。これまでも世の中の流れに合わせた形でバージョンアップを行っており、現在はITIL 4が最新版となります。まずは、ITILの歴史を紐解いていきましょう。

ITILとは

ITILとは、Information Technology Infrastructure Libraryの略で、ITサービスマネジメントのベストプラクティスです。**ベストプラクティス**とは、成功事例を集めた事例集のことで、さまざまな組織で実践されたノウハウが体系化されています。また、日本も含め世界中で利用されている事実上の標準（デファクトスタンダード）となっており、ITILがITサービスマネジメントの共通言語として活用されています。

ITILは初版が発行されてから30年以上経っており、2023年10月現在はITIL 4が最新バージョンです。本書ではITIL 4の内容を説明しますが、歴史的背景やアップデートの遷移についても、最初に少し触れておきたいと思います。

ITIL v1とは

ITILのバージョン1（初版）が発行されたのは、1980年代後半の英国サッチャー政権の時代です。当時の英国政府は、財政難の状況にも関わらずITインフラストラクチャの運用に膨大なコストがかかっており、早急に対処する必要に迫られていました。そこで英国政府は、ITインフラストラクチャの運用に知見がある有識者を集め、**効果的・効率的なITインフラストラクチャの運用**の成功事例を集めて体系化しました。それが、**ITILバージョン1（以下、ITIL v1）**です。ITIL v1は**ITインフラストラクチャが中心**で、かつ全部で30冊以上の分厚い辞書のような書籍集となったため、ITIL（Information Technology Infrastructure Library）と命名されました。

ITIL v2とは

30冊以上に整理されたITIL v1をさらに洗練させ、2000年〜2001年に7冊に再編成したのが**ITILバージョン2（以下、ITIL v2）**です。日本で最初にITILが認知されたのが、このITIL v2でした。コアとなる2冊の書籍である「サービスデリバリ」「サービスサポート」が、IT運用保守の領域をマネジメントするために有効だと認識され、さまざまな企業で適用が進みました。これが未だに日本で、「ITIL＝運用保守の話」と誤解されている要因でもあります。実際には7冊の書籍を通して、ビジネスとの関係性や計画立案、セキュリティ、アプリケーション管理など、様々な側面に言及しています。

ITIL v2のコア書籍についてもう少し補足すると、**サービスデリバリ**は主に、中長期的なITサービスの計画と改善手法について記載されています。一方で**サービスサポート**は主に、ITサービス運営における日々の運用の手法について記載されています。各書籍には管理プロセス（インシデント管理、サービスレベル管理など）が定義されており、業務の流れが具体的に記載されていたため、比較的適用しやすいという側面がありました。

ITIL v3（2011）とは

時代が流れて2007年、次のバージョンである**ITILバージョン3（以下、ITIL v3）**がリリースされました。アップデートには大きく2つのポイントがあったと筆者は考えています。

1つ目は、**ライフサイクルアプローチの採用**です。ITIL v2では、「ITIL＝運用保守」と捉えられた背景があることは先ほど述べた通りですが、本来ITサービスマネジメントは、ITライフサイクル（企画〜運用まで）全体にわたるマネジメントを範囲としています。ITIL v3はそれを明確にするために、書籍をライフサイクルベースに再編成しました。

2つ目は、**仮想化などの新たなテクノロジーの台頭とアウトソーシングの活用**です。仮想化技術などテクノロジーの進化により、これまでのインフラストラクチャの管理方法では対処できないケースが出てきました。また、アウトソーシングの活用により、「サービス提供者＝情報システム部門」というITIL v2の前提から乖離するパターンが当たり前になってきました。よって、これらの新しい成功事例を取り込むために、アップデートを実施しました。

なお、その後ITIL v3のマイナーアップデートとしてITIL 2011がリリースされましたが、これらは大きな枠組みではITIL v3と呼ばれています。

ITIL 4とは

最新バージョンのITIL 4は、2019年にリリースされました。これまでの流れで考えると、「ITILバージョン4(ITIL v4)じゃないの？」と思うかもしれませんが、正しくはITIL 4です。この名称にはいくつかの想いが反映されています。

1つは、**ITILのブランド（商標）化**です。もともとITILは、Information Technology Infrastructure Libraryの略でしたが、もはやITILはITインフラストラクチャだけに焦点を当てたものではなく、ITサービス全般を包括したマネジメントであり、名称と実体にギャップがあります。ではITILという名称を変更すればよいかというと、せっかくこれまで築き上げた知名度を無駄にしたくないという側面もあります。これらを総合的に考えて、「ITILはInformation Technology Infrastructure Libraryの略ではなく、**ITILというブランド**である」という整理に落ち着きました。

もう1つは、**バージョンアップの枠を超えた大幅な変更**です。ITIL v3まではバージョンアップという位置付けで、書籍の再編成や内容の更新が実施されました。それに対してITIL 4では、デジタル時代の特性である**デジタル技術を活用した変革**を強く意識した、大幅な見直しを実施しています。また、VUCA時代においても、様々な状況で活用できる**柔軟性と俊敏性**を強く意識した内容となっています。第4次産業革命がITIL 4を出版するきっかけとなったとも言われているため、「ITIL 4の4は第4次産業革命の4である」という説もあります。

サービスバリュー・チェーン (SVC)

最後に、ITIL v3からITIL 4への重要な変化として、**サービスバリュー・チェーン (SVC)** について触れておきます（詳細はP.102を参照）。

ITIL v3では、企画〜運用まで左から右に順番に流れていくような、ITサービスのライフサイクルが考え方の軸になっていました。このライフサイクルは原則、各フェーズを決められた順序に従って進めていくウォーターフォールのアプローチをとっています。しかしながら、VUCA時代においては、すべてを見通すことが難しいため、まずは必要最小限の要件でサービスを開発して、フィードバックをもらいながら、**継続的な改善を続けていくアジャイルアプローチ**についても考慮しなければなりません。

そこでITIL 4は、ウォーターフォールやアジャイルなどのアプローチに依存せず、それらを包括して適用できるよう、SVCという考え方をベースにしています。SVCは、価値の流れを概念的に整理したもので、どのフェーズから開始することもできますし、各フェーズを行ったり来たりもできます。各組織やサービスの特性に合わせて自由に設計ができるので、より適用範囲が広がったと言えるでしょう。

■ ITILのアップデートと歴史的背景

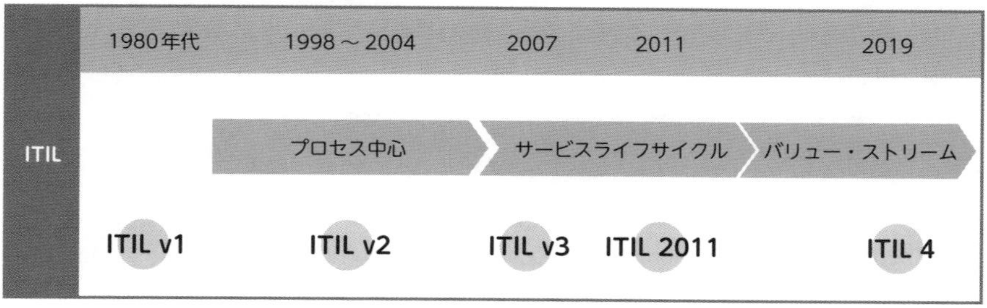

まとめ

- **ITILは、ITサービスマネジメントのベストプラクティス（成功事例）**
- **デジタル時代、VUCA時代に対応するため、2019年にITIL 4が誕生**
- **ITIL 4は、デジタル技術による変革、柔軟性と俊敏性、バリューチェーンがキーワード**

04 ITIL 4の書籍体系と概要

ITIL 4の実態はモジュールです。ITIL 4は、コア書籍の6冊に加えて、拡張モジュールとして4冊がリリースされています。これに加えて、プラクティスの詳細を記載したプラクティスガイドがあります。

ITIL 4の書籍体系

ITIL 4の実態はテーマごとに編纂された書籍と研修の集まりで、それぞれを**モジュール**と呼んでいます。分類としては、コアモジュールと拡張モジュールの2種類があります。これらに加えて、ITIL 4では実践で活用するための具体的なプロセスなどが定義された**プラクティスガイド**が提供されています。本書執筆時点では、プラクティスガイドを活動単位で分類した研修モジュールも一部提供が開始されています。

なお、ITIL 4の実態は書籍と研修の集まりと説明しましたが、実際にはPDFやサブスクリプション（Web）による形態もあります。特に変化の激しい昨今においては、ITIL 4も随時更新される可能性が高いため、常に最新版を閲覧できるサブスクリプションモデルが主流になりつつあります。

■ITIL 4の書籍体系※1

コアモジュール	ITIL 4 ファンデーション (ITIL-F)	作成・提供・サポート (CDS)	利害関係者の価値を主導 (DSV)	
コアモジュール	ハイベロシティ IT (HVIT)	方向付け・計画・改善 (DPI)	デジタル& IT戦略 (DITS)	
拡張モジュール	クラウドサービスの活用と運用 (AMCS)	デジタル&ITのサステナビリティ (SDIT)	IT アセットマネジメント (ITAM)	ビジネス・リレーションシップ (BRM)
プラクティス	プラクティスガイド	監視・サポート・実現 (MSF)	計画・導入・統制 (PIC)	コラボレーション・保証・改善 (CAI)

※1 Based upon AXELOS® ITIL ® materials. Material is used under licence from AXELOS Limited. All rights reserved.

6つのコアモジュール

コアモジュールは、ITIL 4の中心となる考え方が整理されたモジュールで、全部で6つあります。その中でもITILファンデーションは、ITIL 4の重要な基本概念を説明した、すべての基礎となります。その他の5つは、ITIL 4ファンデーションの内容をテーマごとに深堀するための、より専門的なモジュールです。

コアモジュールはいずれも独立しているため、興味があるものから読み始めて頂いて問題ありません。ただし、ITIL 4ファンデーションはすべてのモジュールの基礎となるため、必ず最初に読んで理解するようにしてください。

・ITIL 4ファンデーション（ITIL 4 Foundation：ITIL-F）

「ITIL 4ファンデーション」は、**ITIL 4の基本概念が整理された基盤となる知識**です。デジタル時代に対応したサービスマネジメントの基盤知識となるため、ビジネスとしてサービスを提供する企業の全従業員向けです。本書では、ITIL 4ファンデーションの内容を中心にご紹介しますが、一部の重要なコンセプトについては、ITIL 4ファンデーション以外の内容も随時触れていきます。

・作成・提供・サポート（Create, Deliver & Support：CDS）

「作成・提供・サポート」は、**サービスを作り、提供して、サポートするという一連の価値を共創する活動**（これを**サービスバリュー・ストリーム**と呼びます）に焦点を当てたモジュールです。具体的には、**バリューストリームマッピング**という手法を使い、業務を価値起点で一連の流れとして整理する手法を説明しています。

また、チームカルチャー、協働、アウトソーシング、複数外部パートナとの協働などの観点についても、詳細な内容が記載されています。これまでITILを活用していた運用保守管理者および担当者が、より具体的な知識を得るには、本モジュールが最適です。本書では、バリューストリームマッピングおよびバリューストリームの例を、5章と6章でご紹介します。

・利害関係者の価値を主導（Drive Stakeholder Value：DSV）

「利害関係者の価値を主導」は、**サービス・プロバイダ、その顧客、ユーザ、**

サプライヤ、パートナなどの関係者との協働や連携を通じて、デマンド（要求）を最大の「価値」へ変える方法に焦点を当てたモジュールです。具体的には、顧客の要求を満たすためのSLA設計、複数サプライヤとの協働、コミュニケーション、リレーションシップ管理、CXとUXデザイン、カスタマー・ジャーニー・マッピングなどについて記載されています。本書では、カスタマー・ジャーニーのコンセプトについて、7章でご紹介します。

・ハイベロシティIT（High Velocity IT：HVIT）

「ハイベロシティIT」は、**機動性が求められる環境における、デジタル組織の運営方法**に焦点を当てたモジュールです。具体的には、**働き方に関わるアジャイルとリーン**について記載されています。さらに、最大の価値を引き出すために必要な、クラウド、業務自動化、テストの自動化、技術的なプラクティスとテクノロジーなどについての説明もあります。本書では、アジャイルおよびDevOpsについて、8章でご紹介します。

・方向付け・計画・改善（Direct, Plan & Improve：DPI）

「方向付け・計画・改善」は、**戦略的な決定および方向付けを行い、継続的な学習と改善を推進するIT組織を作るための実践的な方法**に焦点を当てたモジュールです。本モジュールは、戦略的な事業の方向性を決定・改善し、チームを継続的に成熟させていくことが求められる、すべての階層の管理者に最適な内容になっています。

・デジタル＆IT戦略（Digital & IT Strategy：DITS）

「デジタル＆IT戦略」は、**IT戦略をデジタル戦略へ統合し、その戦略をどのように実現していくか、その具体的なアプローチ**について説明しています。また、デジタル戦略を検討する際のテクノロジーから生じる業務や組織への影響分析や、ビジネスリーダーが対応すべき施策などを検討するための考え方が含まれています。本モジュールは、ITILで提供された知識を戦略的活動に関連付けて理解する必要がある、IT戦略担当者および上位管理者に最適な内容になっています。なお、本書のアプローチは継続的改善がベースになっているため、「方向付け・計画・改善（DPI）」と合わせて学習することを推奨します。

4つの拡張モジュール

ITIL 4のコア書籍で記載した内容から、重要なテクノロジーやトレンド、プラクティスなどを抽出し、より専門的に体系化した書籍として拡張モジュールがあります。現時点では、クラウド、サステナビリティ、事業関係性管理およびIT資産管理に特化したモジュールがリリースされていますが、今後も需要に対応する形で随時追加される予定です。

・クラウドサービスの活用と運用
(Acquiring & Managing Cloud Services：AMCS)

「クラウドサービスの活用と運用」は、**クラウドおよびそのテクノロジーが広範なビジネス戦略と関連付けられ、サービス提供される方法**に焦点を当てたモジュールです。「利害関係者の価値を主導（Drive Stakeholder Value：DSV)」で登場するカスタマー・ジャーニーをベースに、クラウド利用者がどのタイミングで何を検討しなければならないのかを具体的に整理しています（これを本モジュールでは、クラウド・ジャーニーと呼びます）。内容は、様々なクラウドとの接点を広範囲にカバーしており、特定のクラウドベンダに依存しない汎用的な内容となっているため、戦略から運用までを体系的に学びたいクラウド利活用に関わる管理者および担当者に最適です。

・デジタル＆ITのサステナビリティ（Sustainability in Digital & IT：SDIT)

「デジタル＆ITのサステナビリティ」は、**ITとデジタル技術を駆使したサービスが環境に対して持つ役割を理解し、デジタル技術を活用した持続可能な製品・サービスを創出し、価値を提供する方法**に焦点を当てたモジュールです。企業が掲げるビジョンや戦略としても昨今重要性を増している、SDGsやサステナビリティ経営などに関連性が強い内容になっています。

・ITアセットマネジメント（IT Asset Management：ITAM)

「ITアセットマネジメント」は、**IT資産のコストとリスクを管理し、コンプライアンスの確保、優れたガバナンスを実現する**ためのモジュールです。また、IT資産の購入、再利用、除却、廃棄に関する効果的な意思決定を支援することで、IT資産の持続可能性を評価可能になります。

・ビジネス・リレーションシップ
(Business Relationship Management：BRM)

「ビジネス・リレーションシップ」は、**サービス・プロバイダや消費者組織とその利害関係者との関係を構築するため**のモジュールです。これまでのITILでは十分に説明されていなかった、事業部門とIT部門の価値共創を実現するために必要なナレッジが含まれています。これにより、利害関係者との信頼関係を構築および維持しながら、ITサービスマネジメントを実践することが可能となります。

プラクティスガイド

プラクティスとは、「各活動で達成目標を実現するために設計されたリソース全般」を表し、それらの具体的な内容を体系的に整理したものが**プラクティスガイド**です。プラクティスの概要については、4章の「27. プラクティスとは」で説明します。

プラクティスガイドをバリューストリーム単位でまとめたバンドルモジュールとして、以下の3つがあります。

・監視・サポート・実現 (Monitor, Support & Fulfill：MSF)

「サービスデスク」「インシデント管理」「問題管理」「サービス要求管理」「モニタリング＆イベント管理」が対象となるモジュールです。

・計画・導入・統制 (Plan, Implement & Control：PIC)

「変更実現」「リリース管理」「サービス構成管理」「展開管理」「IT資産管理」が対象となるモジュールです。

・コラボレーション・保証・改善 (Collaborate, Assure & Improve：CAI)

「継続的改善」「サービスレベル管理」「関係管理」「情報セキュリティ管理」「サプライヤ管理」が対象となるモジュールです。

■ モジュールの概要※2

モジュール名	概要
ITIL-F	デジタル時代に対応したサービスマネジメントの基礎
CDS	サービス作成・提供・サポートにおいて共創する方法
DSV	関係者との協働を通じて、要求を最大の価値へ変える方法
HVIT	機動性・俊敏性に対応するデジタル組織の運営方法
DPI	戦略的意思決定、継続的改善を推進するための方法
DITS	IT戦略およびデジタル戦略を実践するための方法
AMCS	クラウド利用者がクラウドサービスを利活用する方法
SDIT	持続可能な製品・サービスを創出する方法
ITAM	IT資産を管理するための方法
BRM	事業との関係性を管理する方法
PM-MSF	プラクティスガイドの「サービスデスク」「インシデント管理」「問題管理」「サービス要求管理」「モニタリングおよびイベント管理」
PM-PIC	プラクティスガイドの「変更実現」「リリース管理」「サービス構成管理」「展開管理」「IT資産管理」
PM-CAI	プラクティスガイドの「継続的改善」「サービスレベル管理」「関係管理」「情報セキュリティ管理」「サプライヤ管理」
プラクティスガイド	34の実践ガイド

まとめ

- **ITIL 4は、6つのコアモジュール、4つの拡張モジュール、プラクティスガイドから構成される**
- **特にITIL 4ファンデーションで基礎となる知識を理解することが大事**
- **各自の学びたい内容に応じてモジュールを選択することが可能**

※2 Based upon AXELOS® ITIL ® materials. Material is used under licence from AXELOS Limited. All rights reserved.

05 ITIL 4の主要コンセプト

ITIL 4は、「4つの側面」「サービスバリュー・システム（SVS）」「サービスバリュー・チェーン（SVC）」という3つの主要コンセプトで構成されています。詳細は3章以降で解説するため、まずは全体のイメージを掴みましょう。

4つの側面とは

4つの側面とは、「価値を提供するための製品およびサービスをどのように共創するか？」を検討するにあたって、**全体俯瞰的に考えるための視点**を整理したモデルです。具体的には、**「組織と人材」「情報と技術」「パートナとサプライヤ」「バリューストリームとプロセス」**の4つです。

4つの側面モデルは、真ん中の「価値」を起点に、価値を提供するための「製品およびサービス」が配置され、その製品やサービスを構成する要素（コンポーネント）として、「組織と人材」「情報と技術」「パートナとサプライヤ」「バリューストリームとプロセス」が存在するという構造です。

4つの側面の詳細については、3章で説明いたします。

■ 4つの側面※1

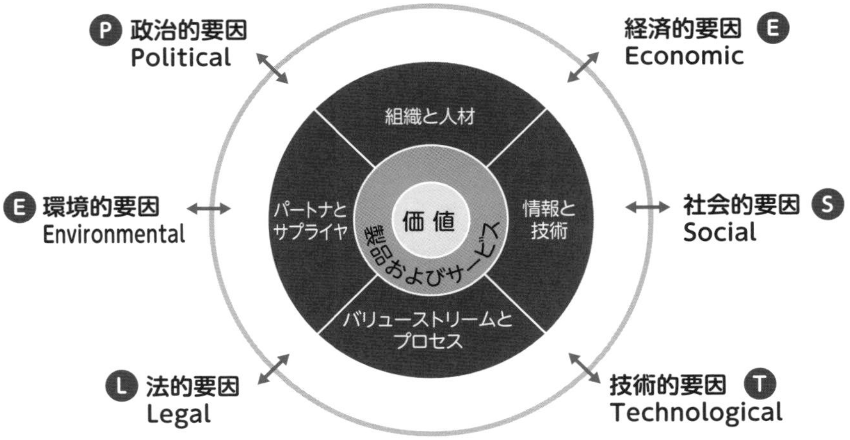

※1 Based upon AXELOS® ITIL ® materials. Material is used under licence from AXELOS Limited. All rights reserved.

サービスバリュー・システム (SVS) とは

サービスバリュー・システム (SVS) とは、名前の通り、サービスが価値を創出するためのシステムで、組織に1つ存在します。システムと言うと少しわかりづらいので、「価値を創出するための仕組み」と考えてください。

■ サービスバリュー・システム (SVS) ※2

「機会／需要」(左に配置) をインプットに、SVSを構成する仕組みである **「従うべき原則」「ガバナンス」「サービスバリュー・チェーン (SVC)」「プラクティス」「継続的改善」** を確立し、それらの仕組みを活用して「価値」(右側に配置) をアウトプットする流れとなっています。SVSの詳細については、4章で説明いたします。

サービスバリュー・チェーン (SVC) とは

SVSの中央に位置するのが、**サービスバリュー・チェーン (SVC)** です。SVCは、機会または需要と価値を繋ぐ流れ (チェーン) となる、非常に重要な仕組みです。

SVCは、**「計画」「改善」「エンゲージ」「設計および移行」「取得／構築」「提供およびサポート」** という6つの活動で構成されています。次のページの図を見

※2 Based upon AXELOS® ITIL ® materials. Material is used under licence from AXELOS Limited. All rights reserved.

るとわかるように、「計画→設計→移行→運用→継続的改善」といった一方向に流れるステップではなく、各ステップの流れを柔軟に選択可能な構造となっている点が特徴です。これは、ウォーターフォールやアジャイルなどの開発アプローチに依存しない、汎用性の高い構造と言えます。SVCの詳細については4章の「26. サービスバリュー・チェーン（SVC）とは」で説明します。

■ サービスバリュー・チェーン（SVC）※3

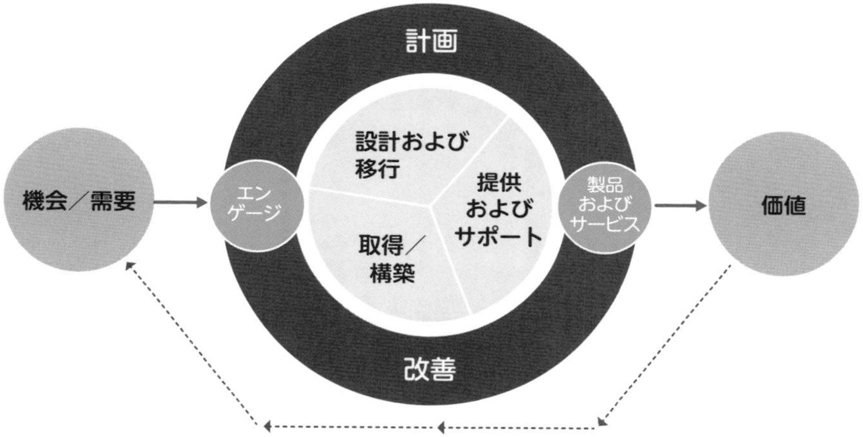

◎ 3つの主要コンセプトの関係性

最後に、「4つの側面」「SVS」「SVC」の関係性を見ておきましょう。

まず、製品やサービスが価値を生むために必要な全体俯瞰的な観点として、4つの側面があります。4つの側面で設計された要素をもとに、価値を生み出すシステムがSVSで、組織に1つ存在します（①）。そして、SVSの中心となる構成要素としてSVCがあり、その内容がステップとして具体化されています（②）。

このように、価値ある製品やサービスを生み出すための仕組みと、その仕組みを回すために必要となる要素の関係性を押さえておくことで、次章から紹介する具体的な内容がより理解しやすくなります。

※3 Based upon AXELOS® ITIL ® materials. Material is used under licence from AXELOS Limited. All rights reserved.

■「4つの側面」「SVS」「SVC」の関係性※4

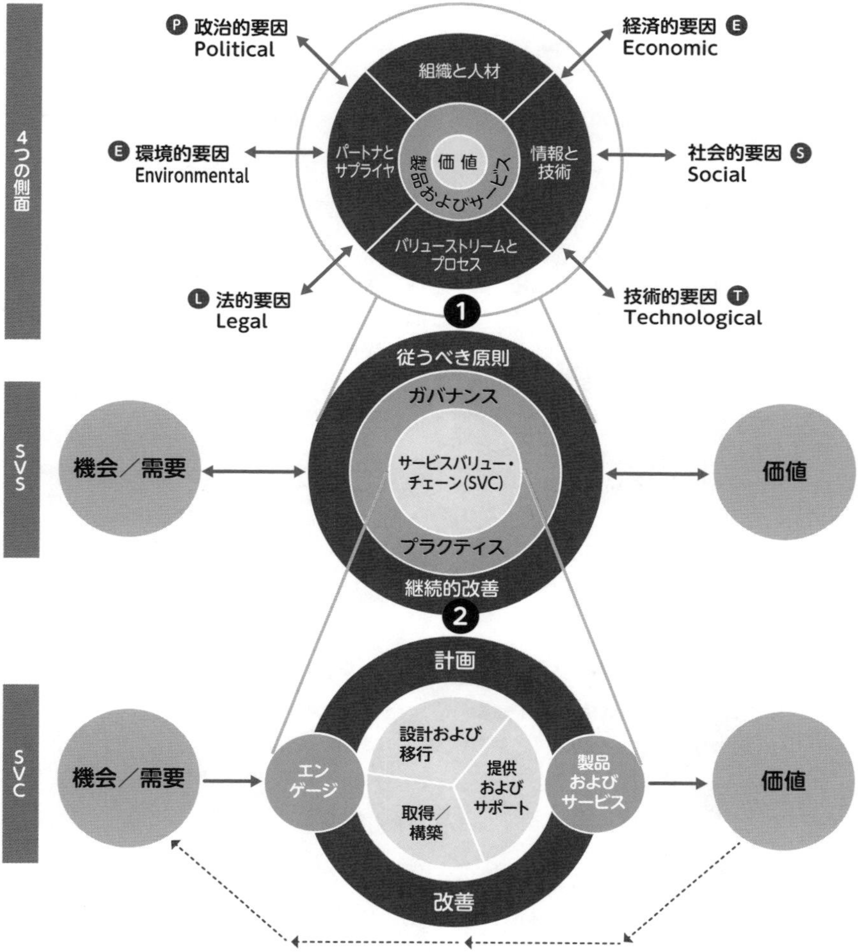

まとめ

- SVSとは、サービスの価値を創出するために必要な仕組みのこと
- SVCは、価値を繋ぐ一連の活動および流れ（チェーン）
- 4つの側面とは、SVSを包括的に検討するための視点のこと

※4 Based upon AXELOS® ITIL ® materials. Material is used under licence from AXELOS Limited. All rights reserved.

COLUMN 目指すはコール数ゼロのサービスデスク

私が初めてITサービスマネジメントとITILを知ったのは、15年以上前のことです。当時はITIL v2（P.19参照）で、運用保守業務を効率的に提供するためのベストプラクティスとして活用されていました。業務の都合上「ある程度は知っておいた方がよい」と思った私は、ITILファンデーションの研修を受講したのですが、その時の講師から聞いた一言が、ITILを深く学びたいと思うきっかけになりました。

その一言は、**「目指すはコール数ゼロのサービスデスク」**です。顧客やユーザから問い合わせが来るのは、「すでに困りごとが生じている」状態とも言えます。ならば、顧客やユーザが最初から困らない仕組みを作ることで、そもそも電話がかかってこなくなる状態を目指そうというのが、この一言が表現している考えでした。

サービスを提供する側は、顧客やユーザの目的が「ITサービスを使うこと」であると捉えがちです。このような想定からは、「サービスデスクをもっと使いやすくするにはどうすればよいか」という発想しか出てきません。

しかし、顧客とユーザの目線で考えるならば、ITサービスを活用して「業務を効果的・効率的に進めること」こそが本当の目的なのです。この目的に則って考えるならば、「サービスデスクを使う必要がない状態」が一番良いわけです。このような発想の転換によって、講じることのできる対策は大きく変わってくるはずです。

当時はこれを、「プロアクティブ（予防保全的）な活動」と呼んでいましたが、ITIL 4における**顧客にとっての価値**（P.14参照）と本質的には同じことです。また、昨今の**顧客体験価値やユーザ体験価値を高める**という考え方につながる思想でもあります。

私は講師のたった一言でITILに魅了されてしまいましたが、ITILには面白くて深いアイデアが他にもたくさん詰まっています。皆さんが本書を読むことで、もっとITILを学びたいと思って頂ければ、筆者としては大変嬉しく思います。

■ 通常のサービスデスクから理想のサービスデスクへ

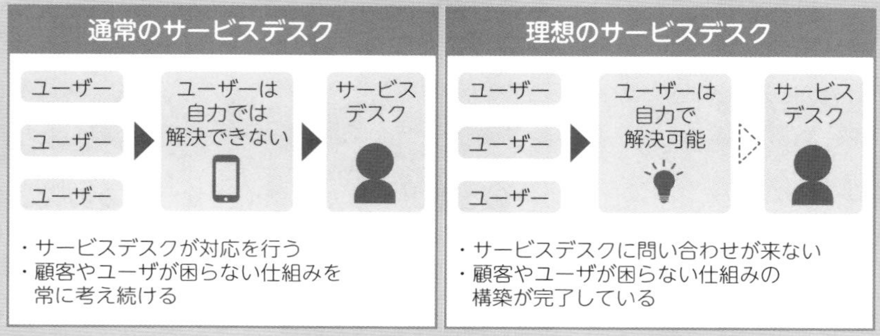

通常のサービスデスク
ユーザー
ユーザー
ユーザー
ユーザーは自力では解決できない
サービスデスク
・サービスデスクが対応を行う
・顧客やユーザが困らない仕組みを常に考え続ける
理想のサービスデスク
ユーザー
ユーザー
ユーザー
ユーザーは自力で解決可能
サービスデスク
・サービスデスクに問い合わせが来ない
・顧客やユーザが困らない仕組みの構築が完了している

2章

サービスマネジメントの主要概念

本章では、サービスマネジメントを理解するために必要な主要概念および用語について学びます。ITILを学ぶにあたって前提となる知識となりますが、独特の考え方や言葉遣いもあるため、事例を交えながら理解を深めていきましょう。

06 登場人物の定義

ITサービスマネジメントでは、さまざまな組織または人が協調しながら、サービスを開発・提供します。ITIL 4では、「サービス・プロバイダ」「サービス消費者（顧客、ユーザ、スポンサ）」を主要な登場人物として定義しています。

ITIL 4における登場人物の定義

サービスの開発・提供においては、さまざまな利害関係者が協働しながら価値を生み出していきます。すべての利害関係者がWin–Winの関係を築くためには、登場人物の役割とそれぞれの期待値を理解する必要があります。

ITIL 4では、ITサービスマネジメントの登場人物を、「サービス・プロバイダ」「サービス消費者」「その他利害関係者」の3つに大きく分類しています。

・サービス・プロバイダ

サービスを提供（プロバイド）する人または組織のことを、**サービス・プロバイダ**と言います。サービス・プロバイダは、サービスを提供することで対価（お金など）を得ることや、事業の発展および価値の向上などを期待しています。

・サービス消費者

サービス提供を受ける組織のことを、**サービス消費者**と言います。サービス消費者は、得たいこと（便益）を適切なコストとリスクで実現することを期待しています。サービス消費者はさらに細かく、「顧客」「ユーザ」「スポンサ」の3つの具体的な役割に分けて定義されています。

■ サービス消費者の役割

顧　　客：サービスで実現したいことを決め、その成果に責任を持つ組織
ユ ー ザ：サービスを実際に利用する人または組織
スポンサ：サービスを使うことで発生するお金について承認する人または組織

・その他利害関係者

サービス・プロバイダ、サービス消費者（顧客、ユーザ、スポンサ）以外にも、サービスに影響を及ぼす関係者がいます。例えば、組織に対する出資者や株主、パートナやサプライヤ、規制機関などの政府公共機関、地域のコミュニティ、慈善団体などが該当します。これらの登場人物は、その他利害関係者と呼ばれます。

■ ITIL 4における登場人物の役割と期待※1

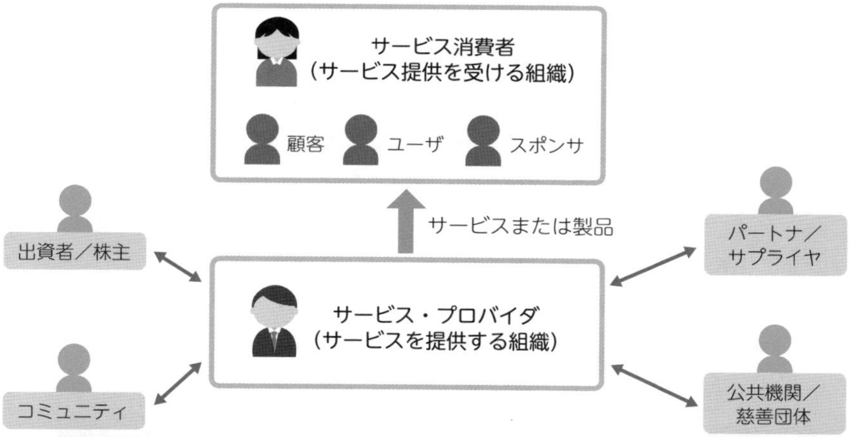

No	登場人物	役割	期待
1	サービス・プロバイダ	サービス提供者	対価、事業の発展
2	顧客	サービス成果に責任	サービス要件の充足
3	ユーザ	サービス利用者	使いやすさなど価値のあるユーザ体験
4	スポンサ	費用の承認	費用対効果の高いサービス提供
5	出資者／株主	組織への出資	高い投資対効果（企業価値の向上）
6	パートナ／サプライヤ	サービス支援	対価、事業の発展
7	コミュニティ	サービス支援	コミュニティの満足度向上、発展
8	公共団体／慈善団体	サービス支援	社会や地域など公共に対する便益、貢献

登場人物の例①（モバイルゲームサービスの場合）

前ページの定義を踏まえて、モバイルゲーム会社を例に、登場人物を整理してみましょう。まず、モバイルゲーム会社は、モバイル端末で利用できるゲームをサービスとして提供しているため、「サービス・プロバイダ」と定義できます。

サービス消費者にはさまざまなケースが考えられますが、ゲーム好きの小学生がいる家族を想定してみましょう。すると、実際にゲームを楽しむ小学生が「ユーザ」になります。どのサービスを利用するか（ゲームを遊ぶか）を小学生が決めた場合は、「顧客」も小学生です。このように、一人で二役を担う場合もあります。ゲームの料金を支払うためには、小学生は親の承認をもらう必要があるため、費用に対する承認をする親が「スポンサ」となります。

「その他利害関係者」の例としては、モバイルゲーム会社のゲーム開発をサポートするパートナ企業や、ゲームについての情報交換などを行うユーザ・コミュニティ、ゲームをプロスポーツとして運営している団体やそれらに資金を提供する出資者などが該当します。

■ モバイルゲームサービスにおける登場人物の例

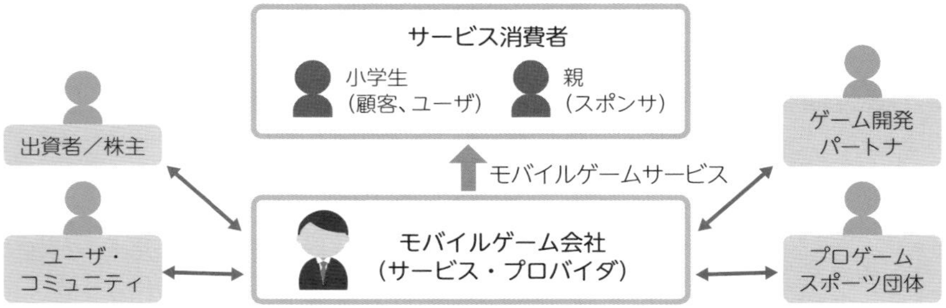

登場人物の例②（ITヘルプデスクの場合）

もう1つの例として、同じモバイルゲーム会社でも、従業員向けのITヘルプデスクサービスの場合を考えてみましょう。ITヘルプデスクとは、ITに関する従業員の悩みや困りごとを解決するサービスです。つまり、ITを専門とする情報システム部門が「サービス・プロバイダ」となります。

この場合、「ユーザ」はモバイルゲーム会社の従業員です。「顧客」は、すべての従業員に提供するサービスの要件を決めて、その責任を負う役割であるCIO（最高情報責任者）となります。そして「スポンサ」は、会社内の予算について承認する権限を持つCFO（最高財務責任者）が該当します。

「その他利害関係者」の例としては、ITヘルプデスクの運営をサポートするパートナや、利用するシステムを提供するサプライヤなどが該当します。

■ ITヘルプデスクにおける登場人物の例

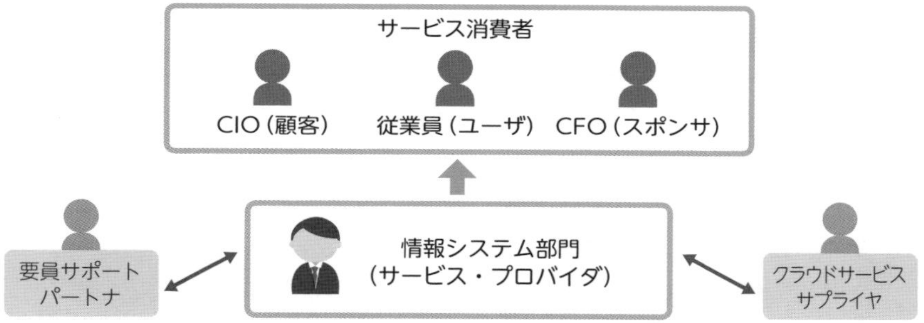

このように、同じモバイルゲーム会社でも、会社全体をサービス・プロバイダとするのか、IT部門をサービス・プロバイダとするのかによって、サービス消費者の定義もその他利害関係者の定義も異なります。

実際のケースでは登場人物がさらに複雑化し、多数の組織や部署にまたがることもあります。そこで重要なのは、**関係者を漏れなく正しく定義し、共通認識を持つこと**です。サービスマネジメントを実施する際には、登場人物の定義について、関係者と認識のすり合わせを行うところから始めましょう。

まとめ

- **サービス・プロバイダとは、「サービスを提供する組織」のこと**
- **サービス消費者は「サービスを受ける組織」で、顧客、ユーザ、スポンサの役割がある**
- **登場人物を定義し、サービスの関係者と合意することが大事**

07 価値とは

ITサービスマネジメントの主眼となる概念の1つが価値です。ITIL 4では、価値を構成する要素を複数の観点から定義しています。また、価値提供から価値共創への変化について押さえておくことも重要です。

価値の考え方①　成果・コスト・リスクのバランス

「2.ITサービスマネジメントとは」（P.14参照）で、顧客にとっての価値の重要性について触れましたが、本節では価値の考え方について詳しく確認していきます。ITサービスマネジメントは、サービスを提供する側の目線で考えるのではなく、「顧客にとっての価値は何か？」を常に問い続け、顧客の期待値に応えることを大切にしています。これを**顧客視点**と言いますが、ITIL 4では価値を様々な観点から説明しています。

1つ目は、**価値は、得られる、または失う「成果」「コスト」「リスク」のバランスで決まる**という考え方です。カーシェアリングサービスを例に、ITIL 4での定義をそれぞれ見ていきましょう。

・成果（アウトカム）

成果とは、**1つまたは複数のアウトプットによって実現される利害関係者にとっての結果**です。カーシェアリングサービスを利用することの成果は、サービス消費者が自身で車を所有することなく、目的地に移動するという結果を得ることです。一方で、好きなブランド車を所有し、自分好みにカスタマイズすることで生じる満足感は得ることができません。

・コスト

コストとは、**特定の活動またはリソースに費やされた、金銭に換算するもの**です。カーシェアリングサービスは、利用した時間に対して費用を支払うのが基本です。よって、週末にしか車を利用しない消費者にとっては、安い費用で利用することができます。一方で、毎日車を利用する消費者にとっては、車を所有するよりも高い費用がかかってしまう可能性があります。

・リスク

リスクとは、**損害や損失を引き起こす、または達成目標の実現をより困難にする可能性がある不確実性要素**です。カーシェアリングサービスでは、緊急で移動が必要になった場合に、運悪く予約が取れずサービスが利用できないリスクがあります。一方で、車を所有すると、交通事故や災害などで車が利用できなくなった場合、その費用をすべて負担するリスクがあります。

このように、サービスには成果、コスト、リスクについてそれぞれプラスおよびマイナスの要素があります。これらのバランスをトータルで考えた結果として、サービスの価値が決まります。

■ 価値を決めるもの※1

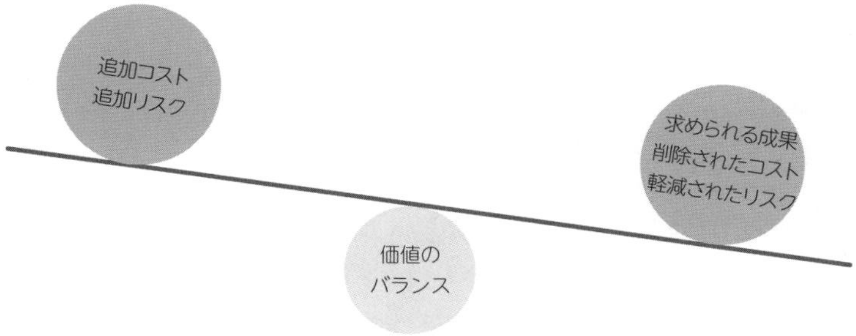

価値の考え方②　有用性と保証

価値の考え方の2つ目は、**有用性と保証**です。有用性は、**特定のニーズを満たすために製品またはサービスによって提供される機能**です。「サービスが何を行うか（What）」を表し、主として機能要件に関連します。保証は、**製品またはサービスが合意された要件を満たすことに対する確約**です。「サービスがどのように提供されるか（How）」を表し、主として非機能要件に関連します。

オンラインショッピングサービスを例に、有用性と保証を考えてみましょう。オンラインショッピングを利用するサービス消費者は、そのサービスを利用す

※1　Based upon AXELOS® ITIL ® materials. Material is used under licence from AXELOS Limited. All rights reserved.

ることで、「欲しい商品やサービスを購入できること」「クレジットカードや電子マネー決済ができること」「家まで商品を配送してくれること」を求めています。これが有用性です。

サービス消費者は一方で、「利用したいときにアクセスできること」「個人情報が漏洩しない高いセキュリティ」「不快感がない程度の速度でアクセスできること」も求めています。これが保証です。サービス消費者に価値を感じてもらうためには、有用性と保証のどちらも満たす必要があります。

■ オンラインショッピングにおける有用性と保証の例

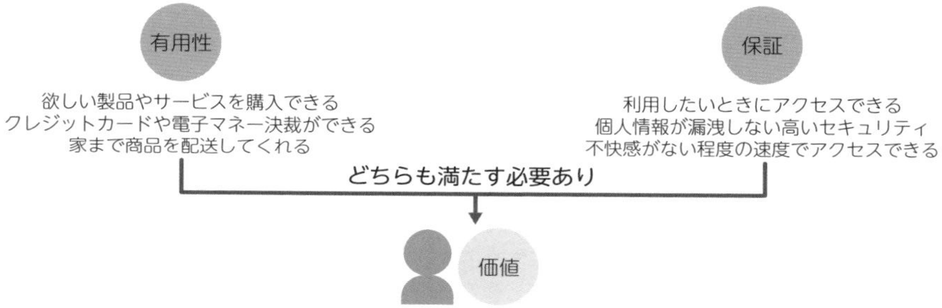

価値の考え方③　提供から共創へ

3つ目は、**提供から共創へ**といった形で、価値の考え方が変化したことです。従来のモデルでは、サービス・プロバイダがサービスを提供し、サービス消費者がそれを利用するという一方向の関係性でした。しかし近年では、サービス消費者がフィードバック行い、サービス・プロバイダが継続的にサービスを改善することで、価値を共創するモデルへと変化が起きています。

先ほどのカーシェアリングサービスを例に考えてみましょう。従来は、車を購入することが一般的だったため、サービス・プロバイダは製品を売るのみ、消費者は購入した製品を利用するのみという一方向の関係性でした。しかし、昨今のカーシェアリングでは、サービスを売ったら終わりではなく、サービス消費者が利用した結果のフィードバックを早期に把握します。それを受けて、モバイルアプリの機能追加や操作性の改善、シェアリングカーの機種や配置場所の見直しなど、継続的な改善を実施することで、サービスの価値を高め続けています。

■「価値の提供」から「価値の共創」へ

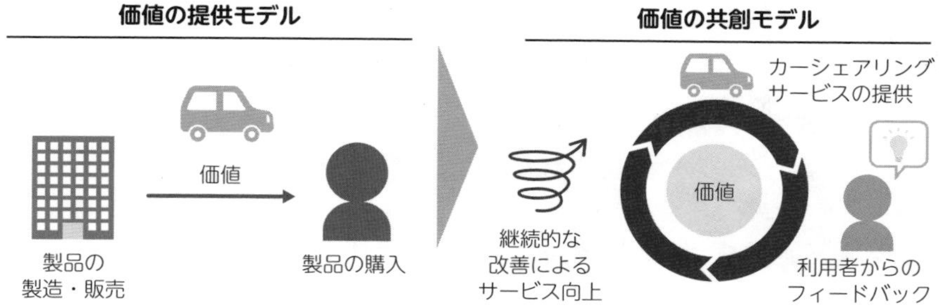

■価値の考え方

価値の考え方	定義
顧客視点	「顧客にとっての価値は何か？」を常に問い続け、顧客の期待値に応えることを大切にする
成果・リスク・コスト	成果：1つまたは複数のアウトプットによって実現される利害関係者にとっての結果 コスト：特定の活動またはリソースに費やされた、金銭に換算するもの リスク：損害や損失を引き起こす、または達成目標の実現をより困難にする可能性がある不確実性要素
有用性と保証	有用性：特定のニーズを満たすために、製品またはサービスによって提供される機能（What） 保証：製品またはサービスが合意された要件を満たすことに対する確約（How）
共創	サービス消費者がフィードバックを行い、サービス・プロバイダが継続的な改善を実施することで、サービスの価値を共創する

まとめ

- **得られる、または失う成果・コスト・リスクのバランスによって価値は決まる**
- **機能要件の有用性と非機能要件の保証、両方が充足されて初めて価値となる**
- **価値は一方向の提供から、双方向の共創へ変化している**

08 サービスとは

ITサービスマネジメントの中心となる概念は、サービスです。ITIL 4では、サービスはさまざまな観点で表現されています。サービスそのものの定義と、サービスを構成する要素であるサービス提供物について確認します。

サービスとは

ITIL 4では、サービスを以下のように定義しています。

■ サービスの定義

顧客が特定のコストおよびリスクを管理することなく、望んでいる成果を得られるようにすることで、価値の共創を可能にする手段

少しわかりづらい定義なので、皆さんにも馴染みのあるピザの宅配サービスを例に考えてみましょう。

ピザの宅配サービスは、電話やモバイル端末からピザを注文するだけで、特定の場所まで様々な種類のピザを、決められた時間内に届けてくれるサービスです。このサービスを利用すれば、顧客はピザの料金さえ支払えば、その他のコストやリスクを負うことなく、美味しいピザを食べる（望んでいる成果を得る）ことができます。

では、その他のコストやリスクには、どういったものがあるでしょうか。例えば、自分でピザを焼くための材料、機材を購入するコストが考えられます。1枚だけピザを食べたい場合であっても、サービスを利用しないのであれば、すべて自前で購入しなければなりません。また、機材を準備してピザを焼けたとしても、温度調節を誤ってピザが焦げてしまうリスクや、味付けを誤って期待する味のピザが食べられないリスクもあります。

サービスを利用すれば、これらのコストやリスクについては、サービスの提供者（サービス・プロバイダ）が責任を負ってくれるのです。

■ピザの宅配サービスの例

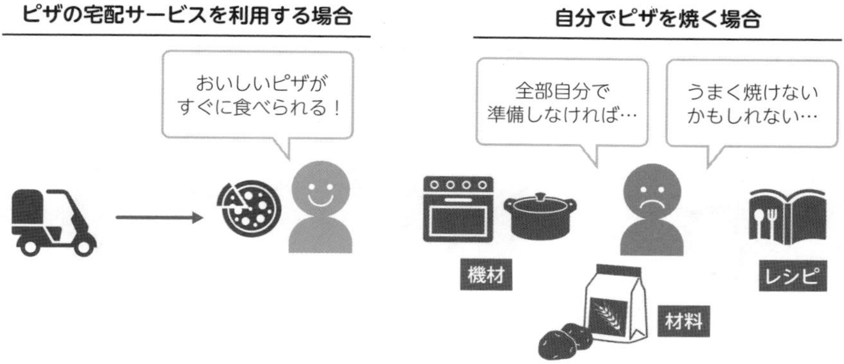
ピザの宅配サービスを利用する場合
おいしいピザが
すぐに食べられる！
自分でピザを焼く場合
全部自分で
準備しなければ…
うまく焼けない
かもしれない…
機材
レシピ
材料

サービスを構成する要素

ITIL 4では、サービスの特徴を考えるもう1つの観点として、サービスの要素を**サービス提供物**として構造化しています。サービス提供物は、**「商品」「リソースへのアクセス」「サービス活動」**の3つで構成されます。

・商品

消費者の所有物です。**所有権が消費者に譲渡され**、将来の利用責任を消費者が負います。

・リソースへのアクセス

消費者に付与または許可されるアクセス権限です。**所有権は消費者に譲渡されず**、合意した条件や期間に基づき付与や許可が行われます。

・サービス活動

サービス・プロバイダが活動として提供するものです。消費者のニーズに対応するために、消費者との合意に基づきサービス・プロバイダによって実行されます。

■ サービス提供物を構成する３つの要素※1

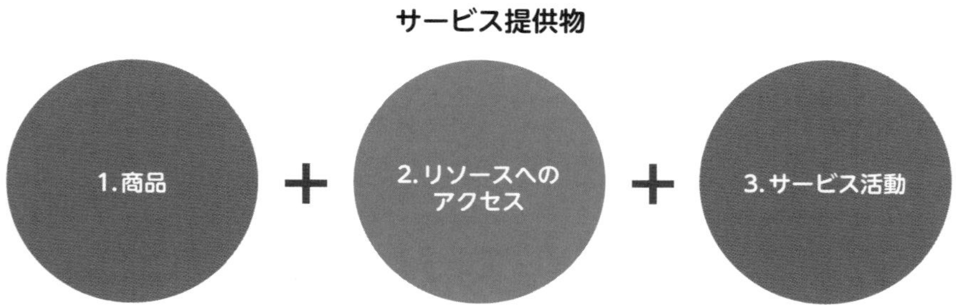

サービス提供物の例（スマートフォンサービスの場合）

サービス提供物について、スマートフォンサービスを例に考えてみましょう。スマートフォンサービスは、消費者がスマートフォンを利用して電話やインターネットを利用するサービスです。消費者がこのサービスを購入すると、スマートフォンやバッテリー、その他付属品などの「商品」を手に入れることができます。これらは「商品」なので、消費者の所有物で利用責任を消費者が負います。

ただし、スマートフォンだけを入手しても、電話やインターネットを利用するという成果を得ることはできません。そのため通常は、インターネットにアクセスするためのネットワークアクセス権限を同時に付与されます。さらに、写真や動画データなどを保存できるクラウドストレージなどへのアクセス権限も付与されます。これらは、消費者に所有権が譲渡されず、合意した条件や期間に基づき付与や許可が行われる「リソースへのアクセス」です。

さらに、スマートフォンが故障したときや、バッテリーの交換が必要なときに問い合わせが可能な、製品サポートもサービスに含まれます。これはサービス・プロバイダが活動として提供するものなので、「サービス活動」です。

このように、スマートフォンサービスは、スマートフォン（商品）、インターネットやストレージを利用できるアクセスの権限付与（リソースへのアクセス）、そして製品サポート（サービス活動）という３つの組み合わせにより構成されるサービス提供物です。

※1 Based upon AXELOS® ITIL® materials. Material is used under licence from AXELOS Limited. All rights reserved.

■スマートフォンサービスの例

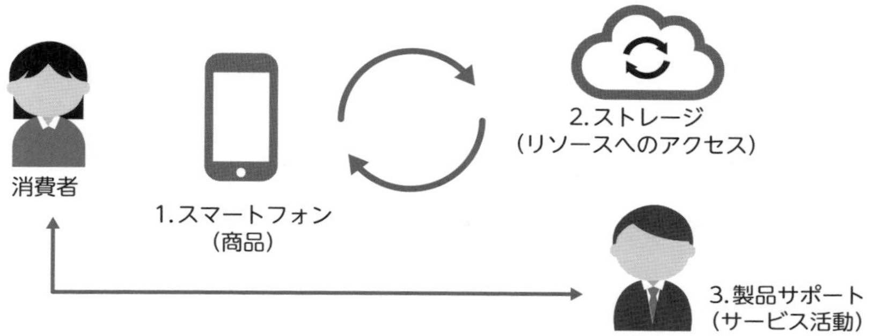

サービス提供物の定義は、サービスの改善を図るときに検討すべき要素を漏れなく洗い出すためにも有用です。スマートフォンサービスの例では、ここまで紹介した内容以外にも、以下のようなサービス提供物についての検討が追加で必要になる可能性があります。

■検討すべきサービス提供物の例

1. 商品：ヘッドフォン、スマートフォンカバーなど
2. リソースへのアクセス：メールやカレンダー、動画サービスなど
3. サービス活動：データのバックアップおよび復旧、ウイルススキャンなど

ITIL 4の定義を参考に、実務ではこの要素をさらに詳細化、カスタマイズし、自組織に合った形で利用しましょう。

まとめ

- **サービスは、顧客が特定のコストおよびリスクを管理することなく、望んでいる成果を得られるようにすることで、価値の共創を可能にする手段**
- **サービス提供物の要素は、「商品」「リソースへのアクセス」「サービス活動」の3つ**

09 サービス関係とは

組織は、時にサービス消費者として役割を担う一方で、サービス・プロバイダとしてサービス提供の役割を担います。このようなサービス・プロバイダと消費者の繋がりの連鎖をサービス関係と呼びます。

サービス関係とは

ITIL 4では、**価値を共創するために、2つ以上の組織間で確立される関係**を、**サービス関係**と定義しています。

前節「8. サービスとは」でも登場した、ピザの宅配サービスを例に考えてみましょう。ピザ屋（A社）はピザの宅配サービスを提供するサービス・プロバイダです。そのサービス提供先は多岐にわたりますが、今回はイベント運営会社（B社）を想定します。

■ A社とB社の関係性

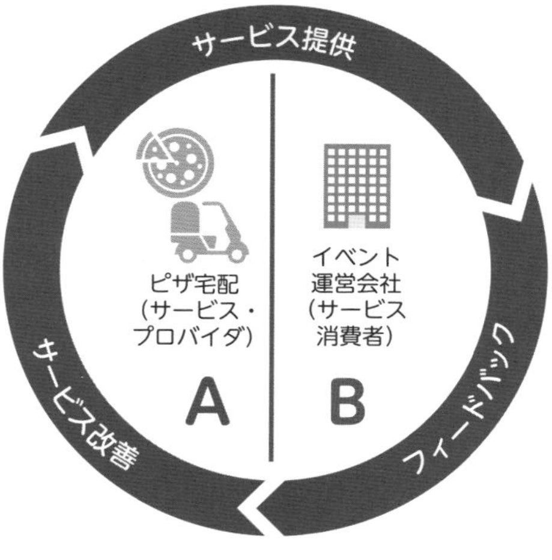

イベント運営会社（B社）は、企業に対して、セミナーや祝賀会、全社会議

などのイベント運営をサービスとして提供します。イベント運営会社はその提供するイベントサービスの中で、軽食の1つとしてピザを提供しています。そのピザは、A社サービスを利用することで準備されたものです。

ここでは、サービス・プロバイダがA社、サービス消費者がB社というサービス関係が成立しています。また、B社からA社に対価が支払われるだけでなく、サービスに対するフィードバックを得ることで、さらなるサービス改善が図られ、価値が共創されていきます。

■B社とC社の関係性

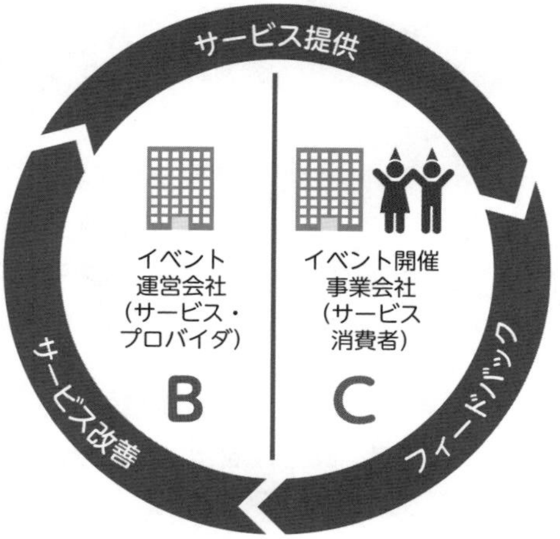

一方でB社は、イベントを開催したい事業会社（C社）に対してサービスを提供するサービス・プロバイダでもあります。ここでは、サービス・プロバイダがB社、サービス消費者がC社となります。つまりB社は、あるときはサービス・プロバイダ、あるときはサービス消費者となるわけです。また、C社からB社に対価が支払われるだけでなく、サービスに対するフィードバックを得ることで、さらなるサービス改善が図られ、価値が共創されていきます。

ここで重要なのは、A社、B社、C社の関係性です。A社とC社は直接的な関係性はありませんが、B社を介在して双方にとって欠かせない存在となっています。A社が提供するピザ宅配サービスがあるからこそ、B社のイベント運営サービスが成り立ち、その結果、C社が価値を享受できるからです。

■A社・B社とC社の関係性

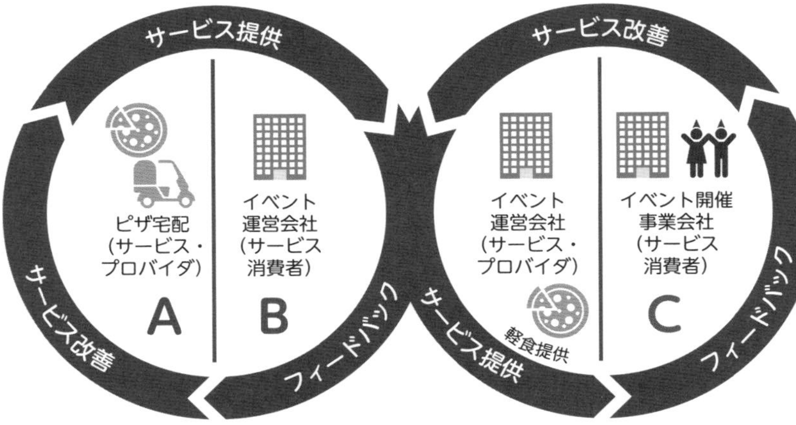

このように、世の中に存在するサービスは単独で存在するわけではなく、サービスの連鎖で成り立っています。したがって、これらの繋がりを理解することで、サービスに対する関係者や影響などを正しく把握することができるようになります。概念的な話ではありますが、このイメージは頭の中で持っておいてください。

クラウドサービスのサービス関係

同様にクラウドサービスの例で、サービス関係を見てみましょう。ここでの登場人物は、クラウドベンダ（D社）、ITシステム開発ベンダ（E社）、事業会社の情報システム部門（F社）です。D社は、IaaS、PaaS、SaaSなど様々なサービスを提供するサービス・プロバイダです。ITシステム開発ベンダであるE社は、システム開発サービスを提供するにあたり、D社のIaaSやPaaSなどをシステム基盤、開発基盤として利用します。つまり、D社がサービス・プロバイダ、E社がサービス消費者という関係です。

一方で、E社は事業会社の情報システム部門であるF社に対して、ITシステム開発サービスを提供するサービス・プロバイダです。F社の情報システム部門が事業部門にITサービスを提供するために、そのITサービスを開発する業務を提供します。つまり、E社がサービス・プロバイダ、F社がサービス消費者の関係です。

3社のサービス関係を最後に整理しておきましょう。この例では、E社はあるときはサービス・プロバイダであり、あるときはサービス消費者という位置付けです。そして、E社を介してD社、F社がそれぞれのサービスを提供またはサービス消費者として利用することによって、サービス関係が相互に価値を共創する繋がりとなっています。

このようなサービス関係を理解することにより、**「自社サービスが直接的または間接的な関係性を通して、誰にどのような価値を提供するか」**が明らかになり、サービス・プロバイダ自身の存在意義を改めて認識することができます。

■D社・E社とF社の関係性

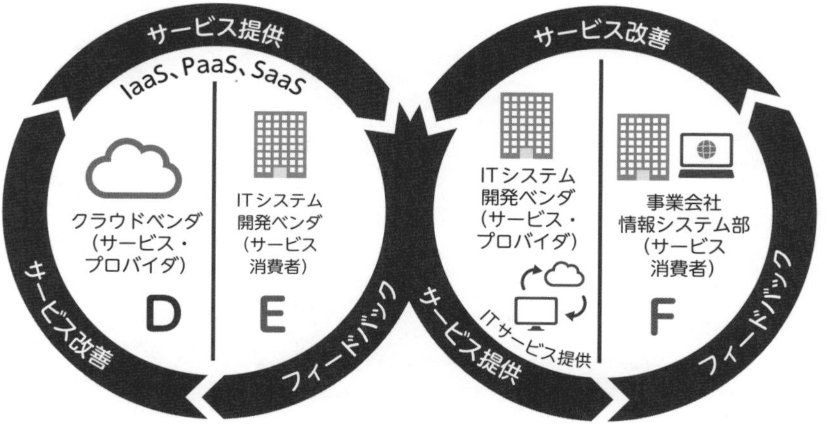

まとめ

- サービス関係とは、価値を共創するために、2つ以上の組織間で確立される関係で、世の中のサービスは相互に関係を持ち価値を共創している
- サービス関係は、利害関係者や影響などを検討するにあたって大切な概念

COLUMN ITIL 4はITサービスだけに関係するのか？

ITILはもともとITサービスのマネジメントからスタートしていますが、事業も含めたサービス全般に適用できる考え方です。例えば、サービス業であるホテル事業の業務（ホテル・サービス）をITIL 4の考え方に当てはめてみましょう。

まず、ホテル・サービスと一言で言っても、ホテルによって対象とする顧客は異なります。それぞれのターゲットとする顧客に対して、どんな「価値」を提供するのかを定義します。

■ ホテル・サービスにおける顧客および提供価値

サービスの種類	顧客	提供価値
ビジネスホテル	ビジネスマン	駅に近いなど利便性が高く、リーズナブルな価格で宿泊できる
民宿	旅行客	低価格で、非日常を体験できる雰囲気や場所を味わうことができる
高級な有名ホテル	富裕層、経営層	高級な設備、備品等を備え、コンシェルジュによる手厚いサポートを受けることができる

さらに、ホテル・サービスを検討する際には、4つの側面の観点を活用できます。

■ ホテル事業におけるサービスマネジメント

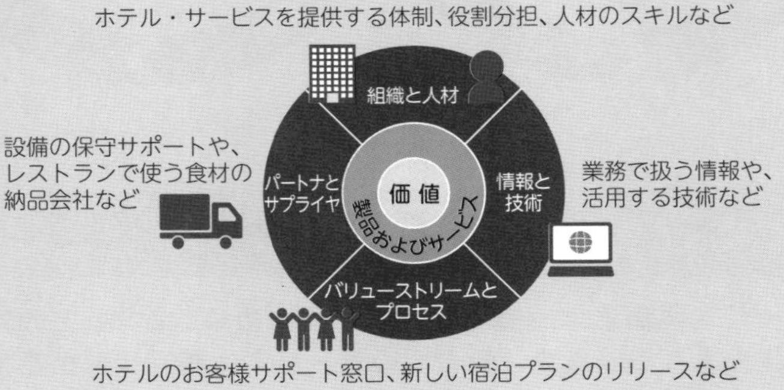

ここでは一部の適用例をご紹介しましたが、その他のITIL 4のコンセプトを当てはめることも可能です。また、具体的な実践方法として、プラクティスガイド（P.113参照）も活用できますので、ぜひ試してみてください。

3章

ITIL 4の主要概念①
4つの側面

本章では、ITILの主要概念である4つの側面について学びます。4つの側面は、組織全体のITサービスマネジメントを設計するために必要となる、全体俯瞰的な観点を提供してくれます。

10 4つの側面とは

4つの側面は、ITIL 4の主要概念の1つです。ITサービスマネジメントを全体俯瞰的に捉える観点として、様々な場面で活用できます。

4つの側面とは

4つの側面とは、「価値を提供するための製品およびサービスをどのように共創するか？」を検討するにあたって、全体俯瞰的に考えるための視点を整理したモデルです。

具体的には、**「組織と人材」「情報と技術」「パートナとサプライヤ」「バリューストリームとプロセス」**といった、4つの側面があります。それぞれ、以下のような観点について記載されています。

■ 4つの側面※1

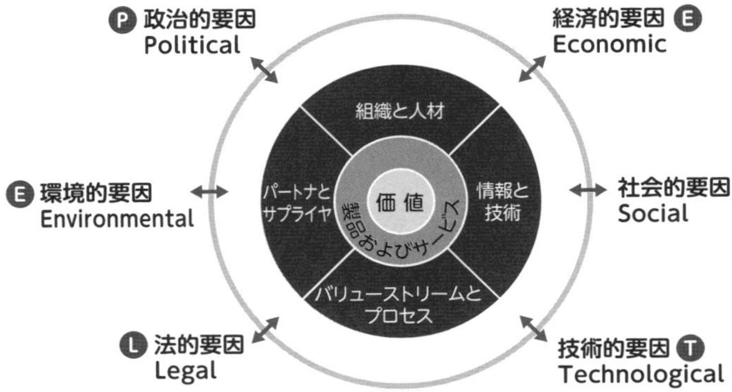

・**組織と人材**

サービスを運営する組織および人材の側面です。組織は、組織の構造、役割分担、組織文化などの観点です。人材は、人材の配置やスキル、育成、採用などの観点です。詳細は「11.組織と人材」で説明します。

・**情報と技術**

サービスを構成する情報や技術の側面です。情報は、セキュリティやコンプライアンス、情報連携のための品質基準などの観点です。技術は、AIやクラウドなどITサービスを構成する技術などの観点です。詳細は「12.情報と技術」で説明します。

・**パートナとサプライヤ**

サービス提供を支援するパートナとサプライヤの側面です。組織のパートナとサプライヤに関する戦略、サービスの統合および管理（複数パートナとサプライヤの管理）などの観点です。詳細は「13.パートナとサプライヤ」で説明します。

・**バリューストリームとプロセス**

サービスの提供に必要な業務の側面です。バリューストリームは、組織が顧客にサービスを提供するために取り組む、一連のステップに関する観点です。プロセスは、そのバリューストリームを構成する個々の活動の観点です。詳細は「14.バリューストリームとプロセス」で説明します。

外部要因（PESTLE）とは

4つの側面モデルには、4つの側面以外に、提供する製品およびサービスに影響を与える外部要因（PESTLE）が定義されています。PESTLEは、6つの要素である政治、経済、社会、技術、法、環境の英語の頭文字をとったものです。詳細は「15.外部要因（PESTLE）とは」で説明します。

まとめ

- **4つの側面は、サービス全体を俯瞰する視点を整理したモデル**
- **外部要因のPESTLEも、サービスに影響する視点として重要**

11 組織と人材

4つの側面の1つ目は「組織と人材」です。組織は、サービス・プロバイダの組織構造、組織文化などについて検討する観点です。人材は、人の配置やコンピテンシーなどについて検討する観点です。それぞれ具体的に見ていきましょう。

組織と人材とは

サービス消費者が求める価値を提供するためには、さまざまな側面からサービスを検討する必要があります。ITIL 4では、サービスを包括的に検討するための観点を、**4つの側面**としてモデル化しています。その1つが**組織と人材**です。

組織と人材には、**「組織構造」「組織文化」「人材の配置とコンピテンシー」**の3つの要素が含まれます。

■ 組織と人材の検討要素※1

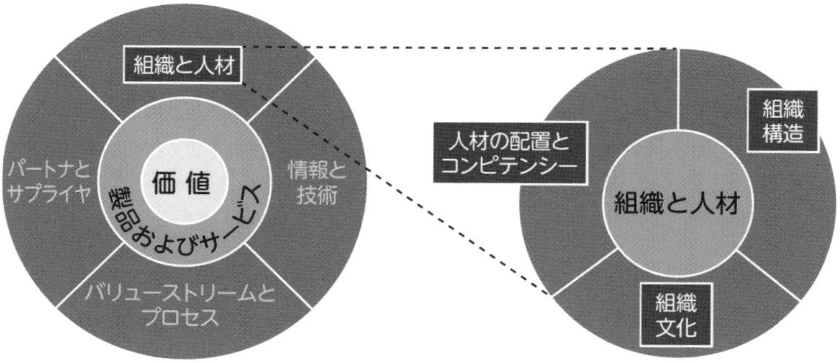

組織構造

サービス・プロバイダの**組織構造**は、提供するサービスの成果に大きな影響を与えます。例えば、迅速な変更が求められるサービスには、意思決定が迅速にできるフラットな組織構造が適しています。一方で、大規模かつサービス全体の統制を重視する場合は、分業化による効率的・効果的な体制を敷く必要が

※1　Based upon AXELOS® ITIL ® materials. Material is used under licence from AXELOS Limited. All rights reserved.

あり、階層構造が深い組織の方が適しています。このように、求める成果によって適切な組織構造は異なるため、現状の組織構造を理解し、論点の1つとして検討することが重要です。

組織構造を検討する具体的な観点としては、体制の階層構造、RACIチャートなどを使った業務の役割分担、承認権限のルールやシステムなどが該当します。

ここでは、ITIL 4の中でも頻繁に活用される、RACIチャートについてご紹介します。**RACIチャート**とは、業務の役割分担を整理するツールで、「実行責任者」「説明責任者」「協議先」「報告先」の4つの役割が定義されています。組織の規模や複雑さに応じて、定義すべき役割の幅や粒度は異なりますが、まずは4つの役割をベースに役割分担を整理することを推奨します。

■RACIチャート

RACIの定義

- **R　実行責任者(Responsible)**
  タスクや活動の実行に責任を持つ役割
- **A　説明責任者(Accountable)**
  最終的な説明責任を持つ役割
- **C　協議先(Consulted)**
  活動が円滑に進むように支援する役割
- **I　報告先(Informed)**
  活動やタスクについて報告を受ける役割

RACIチャートのイメージ

	CEO	PJマネージャ	PJリーダ	サービスオーナ
活動1	I	R	R	A
活動2	I	A	R	I
活動3		AR	R	I
活動4	I	A	R	C
活動5	I	R	R	A

※説明責任者は必ず1名となる

4つの役割に役割分担を整理

組織文化

組織構造が正式に定義された組織の表面だとすると、**組織文化**はその組織に根強く浸透しているが、明確には見えづらい裏面です。組織文化は人の行動に大きな影響を与える要素で、組織構造以上にサービスの成果に影響を与えています。

例えば、システムに障害が発生した場合、システム担当者は本来であれば、即座に状況を確認し、適切な利害関係者へ情報共有およびエスカレーションを行う必要があります。通常、このようなコミュニケーションプロセスや役割分担は、組織構造として定義されていますが、実際には定義通りに実行されず、障害への対応が遅れ、業務に甚大な損失を与える場合があります。

なぜ、このような事態が発生するのでしょうか？　その1つの原因が、組織文化としての**心理的安全性**の欠如です。心理的安全性が担保されない組織では、失敗に対する許容度が低いため、誰もが情報共有やエスカレーションをしたがりません。情報共有すると、即座に犯人捜しが始まるからです。結果として、担当者に「できるだけ自分（または自チーム内）だけで解決してしまいたい」という心理的圧力がかかり、情報を隠ぺいしてしまうのです。

組織文化について検討する観点としては、情報やナレッジ共有に対する価値観、リーダーの振る舞い、コミュニケーションの作法、信頼性や透明性などがあります。組織文化は非常に根深く、一朝一夕に改善できるものではありません。サービスにとって組織文化が足かせとなる場合は、組織を新たに設立するなどの抜本的な対策が必要となることもあります。

■ 組織文化における心理的安全性の影響例

	心理的安全性が高い	心理的安全性が低い
情報やナレッジ共有	・社内外のコラボレーションが促進される ・失敗から学ぶことに意欲的	・与えられた業務だけやればいいので情報発信やナレッジ共有はされない ・失敗したくないので消極的
リーダーの振る舞い	・新しい挑戦や変化を歓迎し、推進する	・新しい挑戦や変化のリスクと責任を取りたくない
コミュニケーションの作法	・メンバーの意見が積極的に出る ・困ったときにヘルプを出せる	・メンバーの意見が積極的に出ない ・できる限り少ない関係当事者で解決しようとする
信頼性や透明性	・不安に思うことなくミスやヒヤリハットを報告できる	・責任や改善策検討を丸投げされるのでミスを隠ぺいしようとする

人材の配置とコンピテンシー

サービスの成果を生み出すために最も重要なリソースが人材です。**人材の配置**とは、サービスを提供する人材が働く場所、所属チーム、チーム内での役割分担などを指します。最近では当たり前となったリモートでのサービス提供もその1つです。リモートになることによって生じる、国・地域固有の法律への対応、サービスレベルやセキュリティなどへの影響を検討する必要があります。

人材のコンピテンシーとは、サービスマネジメントに必要となる人材の行動特性を指します。ITIL 4では、**コンピテンシープロファイル**として、その行動特性を「リーダー」「アドミニストレータ」「コーディネータ」「業務エキスパート」「技術エキスパート」の5つに整理しています。

これらのプロファイルは、1人で複数の行動特性を満たすケースもあれば、組織やチームとして満たすケースも考えられます。また、組織構造や組織文化、業務特性などにより、各プロファイルの重要性も異なるため、これらをベースに組織内で必要なコンピテンシーについて検討しましょう。

■ コンピテンシープロファイル※2

L	**リーダー (Leader)** 意思決定、権限移譲、他のタスクの監督、インセンティブやモチベーションの提供、成果への評価
A	**アドミニストレータ (Administrator)** タスクのアサイン、優先順位付け、記録、報告、ベーシックな改善
C	**コーディネータ (Coordinator)** 複数関係者間の調整、継続したコミュニケーション、認知度向上活動
M	**業務エキスパート (Method and techniques expert)** 業務の技術設計および導入、手順の文書化、プロセスや業務の分析・継続的改善などの支援
T	**技術エキスパート (Technical expert)** ITエキスパートとしてアサインされ、専門能力を提供

まとめ

- **組織と人材は、組織構造、組織文化、人材の配置とコンピテンシーなどを検討する観点**
- **RACIチャート、コンピテンシープロファイルなどのツールを活用し、必要となる役割分担や行動特性を検討**

※2 Based upon AXELOS® ITIL ® materials. Material is used under licence from AXELOS Limited. All rights reserved.

12 情報と技術

4つの側面の2つ目は「情報と技術」です。情報は、セキュリティやコンプライアンス、情報連携のための品質基準などの観点です。技術は、サービスマネジメントツールおよびITサービスを構成する技術などの観点です。

情報とは

情報は、サービス提供において価値を実現するための重要な構成要素の1つです。

例えばオンラインショッピングを提供するサービス・プロバイダであれば、購入してくれた顧客の個人情報や購買履歴は、効果的な販売促進を行うための貴重な情報となります。また、ショッピングサイトを顧客がどのように閲覧したのかといった情報や、カスタマーサポートなどに来る問い合わせ、クレームなども、サービスを改善する上で参考になるでしょう。

では、このような情報を管理するために、どのような考慮点があるのでしょうか。ITIL 4では、情報を扱う際に考慮すべき基準を**情報の品質基準**として定義しています。具体的には、情報に対する可用性、信頼性、アクセス性、適時性、正確性、関連性などです。

■ 情報の品質基準※1

可用性	情報が必要なときに利用可能なこと
信頼性	情報が正しく、信頼できること
アクセス性	情報へのアクセスが容易であること
適時性	情報が適切なタイミングで提供されること
正確性	情報が正確で、誤りや漏れがないこと
関連性	情報が業務に適用でき、助けとなること

セキュリティとコンプライアンスとは

「情報の品質基準」と重複する部分もありますが、情報を取り扱う際に必ず検討が必要な観点として、**セキュリティとコンプライアンス**があります。

セキュリティについては、情報の重要性に応じてセキュリティレベルを分類し、適切な管理の仕組みを構築します。改ざんや不正利用がないように証跡（ログ）を保持しておくことも重要です。

セキュリティに関する管理標準としては、**ISO/IEC27001**の認知度が高く、日本では多くの企業が認証を取得しています。また、個人情報の保護に関しては、**プライバシーマーク**などを取得することで、セキュリティ要件を満たしていることを対外的に示すことができます。

コンプライアンスは、法令遵守だけでなく、倫理観、公序良俗などの社会的な規範に従い、公正・公平に業務を行うことを意味しています。例えば、以下のような検討事項があります。

■ コンプライアンス遵守の例

- USBなどの記録媒体利用による顧客情報の不正持ち出しの禁止
- 機密ファイルの誤送信防止
- メールの添付ファイルについて、パスワードを義務化
- サービスまたは製品ライセンスの不正利用防止

サービスマネジメントを支える技術とは

技術は、ITIL 4では大きく「サービスマネジメントを支える技術」と「ITサービスを支える技術」の2つに分類されています。

サービスマネジメントを支える技術は、サービスマネジメントを実践するにあたり、管理の効率化・高度化を支援する様々な技術のことです。一般的にはサービスマネジメントツールとして提供されており、ServiceNowやJIRA Service Management、LMISなどが該当します。

サービスマネジメントツールのベースとなるのは、関係者とのコミュニケーションや承認手続きのベースとなるワークフロー・システムです。ワークフロー・システムはさまざまな利害関係者が利用することから、きめ細やかな役

割と権限の管理機能が実装されています。

　他にも、サービスの構成情報を一元的に管理するインベントリ・システム、FAQなどナレッジを可視化するためのナレッジデータベース、情報を分析する分析ツールおよび可視化するためのダッシュボード機能、予兆検知や予防保全を行うためのAIを利用した機械学習なども活用されています。

　昨今では、サービスマネジメントツールがSaaSで提供されるケースも増えています。クラウドサービスを前提としたリモート・コラボレーションやモバイル・プラットフォームへの対応など、さまざまな場所から接続可能な技術も使用されています。

■ サービスマネジメントを支える技術

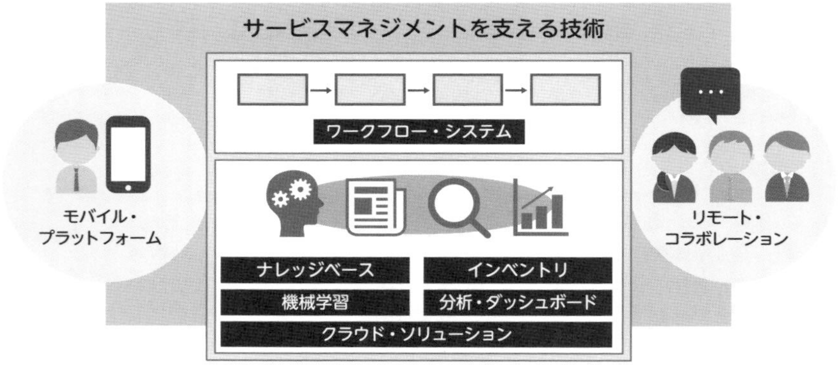

ITサービスを支える技術とは

　ITサービスを支える技術には、ITサービスが価値を生み出すために必要となる技術が該当します。ITインフラストラクチャを構成するサーバ、ネットワーク、データベースなどのミドルウェア、業務アプリケーション、PCやタブレッド、モバイル端末などがあります。また、エマージング・テクノロジーと呼ばれる、メタバース、AI（人工知能）、ChatGPT、Web3.0、量子コンピュータなども含まれます。技術は凄まじいスピードで変化するため、常に最新情報を収集しましょう。

○ 組織文化や業務の特性を踏まえた技術の選択

ITサービスを支える技術、およびサービスマネジメントを支える技術を選択するにあたっては、組織文化や業務の特性を考慮する必要があります。例えば、A社はスタートアップ企業で「できるだけコストをかけず、迅速にサービスを提供する」という要件を満たしたいと考えていました。この場合は、すべて自社開発をするのではなく、クラウドなどを活用しつつ、既存サービスを組み合わせるのが望ましいでしょう。

一方でB社のサービスは、業界制約上、高度なセキュリティが要求され、社会インフラを担うことからビジネス特性上も安定性が重要視されていました。この場合は、自社データセンターで堅牢なセキュリティのもと、実績のある「枯れた技術」を活用したサービスにより価値を創造するのが望ましいでしょう。

これは、「どちらが良い・悪い」という話ではなく、あくまで「求められる要件に適した技術は何か？」という観点で検討することが重要です。

■ ITサービスを支える技術は要件によって異なる

事例	要件と選定技術
A社	できるだけコストをかけず、迅速にサービスを提供する ⇒クラウドやモバイルアプリケーション、人工知能などの最新技術を活用しつつ、既存サービスを組み合わせて迅速に価値を創造
B社	業界制約上、高度なセキュリティが要求され、社会インフラを担うことからビジネス特性上も安定性が重要 ⇒自社データセンターで堅牢なセキュリティのもと、実績のある業務アプリケーションやデータベース、ストレージなどの「枯れた技術」を活用したサービスにより価値を創造するのが望ましい

まとめ

- **情報は、サービス価値を実現する要素として重要であり、情報の品質基準の観点で検討が必要**
- **技術は、組織文化やビジネスの特性に強く影響を受ける。特性に応じた最適な技術を選択することが重要**

13 パートナとサプライヤ

4つの側面の3つ目は「パートナとサプライヤ」です。あらゆる組織が何らかの形で、パートナとサプライヤの影響を受けています。ここでは、組織のパートナとサプライヤ戦略について説明します。

パートナとサプライヤとは

すべての組織およびサービスは、他の組織から提供されるサービスに何らかの影響を受けます。影響の度合いは、関与する深さや契約形態、組織間の関係性などに依存します。ITIL 4では、この影響度合いによって、パートナ、サプライヤと呼び方を変えています。なお、P.35の登場人物の定義では、パートナとサプライヤは、その他利害関係者に含まれます。

ITIL 4ではパートナを、**「共通の最終目標およびリスクを共有した上で、協働して望ましい成果を達成する組織、またはサービス」**と定義しています。パートナはサービスに対してより深い影響を与える存在です。

一方でサプライヤについては、**「正式な契約があり、役割分担を厳密に定義している組織またはサービス」**と定義しています。サプライヤは決められた範囲でサービスに関与するため、関与の度合いは薄く、影響力は限定的です。

■ パートナとサプライヤの違い※1

名称	特徴
パートナ	・共通の最終目標および理想を共有したうえで、協働して成果を達成する ・サービスに深く関与
サプライヤ	・正式な契約で、役割分担を明確に定義。役割のみを果たす ・役割に応じた関与（限定的なケースが多い）

パートナとサプライヤを区別する理由は、サービスに対する関与の度合いによって、組織の戦略や管理方法も異なってくるからです。パートナの方がサプライヤに比べると関係性が深いため、より優先度が高く、密接な関係性を築く必要があります。

組織のパートナとサプライヤ戦略

パートナとサプライヤ戦略とは、組織内部でサービスを提供（内製化）するのか、もしくは外部へ委託（アウトソーシング）するのかを検討するソーシング戦略のことです。

パートナとサプライヤ戦略は、様々なケースが考えられます。例えば、組織のリソースを戦略・企画など特定の業務に特化させ、それ以外の業務については最適なパートナとサプライヤに委託するケースや、逆に業務のニーズに柔軟かつ迅速に対応するために、可能な限り内製化を志向するケースもあります。

では、これらの方針を戦略として検討する際に、どのような要素を考慮する必要があるのでしょうか？　ITIL 4ではパートナとサプライヤ戦略の検討要素として、次の7つをあげています。

■ パートナとサプライヤ戦略の検討要素※2

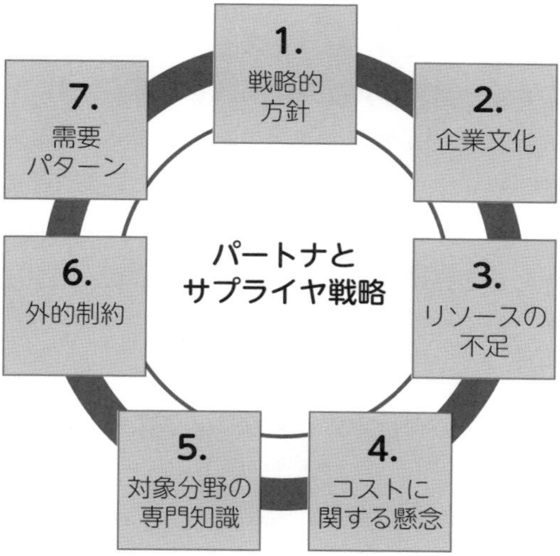

1. 戦略的方針

戦略的方針とは、組織の**戦略としてパートナおよびサプライヤをどのように活用するのか**を検討する観点です。

例えばクラウド・ファースト戦略など、原則クラウドを活用する戦略を組織がとるのであれば、クラウドベンダーとの協業を前提とする必要があります。

※2　Based upon AXELOS® ITIL ® materials. Material is used under licence from AXELOS Limited. All rights reserved.

また、組織として環境保護などの取り組みを重視する指針があれば、SDGsやサステナビリティの観点からパートナおよびサプライヤの選定を行うことが、戦略的方針の1つとなります。

2. 企業文化

企業文化とは、**組織に根付いた意思決定方針や行動規範などが、パートナとサプライヤの関係性にどのように影響するか**を検討する観点です。

例えば、長期にわたって関係性があるパートナを優先的に選択する習慣や、情報システム子会社にすべて依頼する文化（新規のパートナを排除する文化）が該当します。また、海外から提供されるサービスに対して抵抗がある組織では、国内にデータセンターを持つパートナとサプライヤに限定する傾向があります。

3. リソースの不足

リソースの不足とは、**自組織でリソースを賄えない場合に、パートナおよびサプライヤとどのような協業が可能か**を検討する観点です。

例えば、新しい技術を活用した新規サービスを提供したいと考えていても、自組織内で要員が不足している、あるいは要員はいてもスキルが足りないのであれば、実現は難しいでしょう。その場合、特定のサービスについては、パートナとサプライヤに頼らざるを得ません。

4. コストに関する懸念

コストに関する懸念は、**パートナおよびサプライヤに支払うコストの妥当性**について検討する観点です。

例えば、運用保守フェーズのコスト高にはどの企業も頭を抱えており、コスト低減に貢献できるサービスがあれば、パートナとサプライヤ選定に大きな影響を与えます。パートナやサプライヤを選定する際に、RFP（提案依頼書）を提示するケースでは、コストは重要評価指標の1つとなります。

5. 対象分野の専門知識

「3. リソースの不足」に関連しますが、**特定の専門知識が必要な場合、自組**

織で対応が難しいのであれば、パートナおよびサプライヤの活用を検討します。

もちろん、専門知識を備えた人材を社内で育成するという選択肢もありますが、すでに必要な分野の専門知識を備えたサプライヤを活用する方が、スピーディかつ低リスクであると判断することもあります。

例えば、AIを活用したサービス開発を実施する場合、クラウドサービスとしてすぐに活用できるAIサービスを利用し連携させることで、深い専門知識がなくてもスピーディにサービス提供が可能です。

6. 外的制約

外的制約とは、**政治情勢や法的規制、政府の規制、業界の行動規範など、組織ではコントロールできない外的制約**を検討する観点です。これは、組織に影響を与える外部要因である、**PESTLE**と同様の観点です（P.70参照）。

7. 需要パターン

需要パターンとは、**サービス消費者の利用パターンを考慮して、パートナおよびサプライヤに求めるキャパシティ**を検討する観点です。

例えば、年末年始のバーゲンセールやクリスマスギフトセールなど、特定の時期に供給量が増えるオンラインショッピングサービスについては、繁忙期のみクラウドサービスパートナやサプライヤを活用することで、無駄なリソースを使うことなく柔軟性と俊敏性を担保できます。

なお、パートナとサプライヤでは、パートナとサプライヤを管理するための仕組みとして、「サービスの統合と管理」についても記載されています。これについては、「59. SIAM」で説明します。

まとめ

- **パートナは目的や成果を共有し、サービスに深く関与。サプライヤは定義された役割に応じて限定的に関与**
- **戦略に影響する7つの検討要素をもとに、パートナとサプライヤ戦略を立案**

14 バリューストリームとプロセス

4つの側面の4つ目は「バリューストリームとプロセス」です。価値に焦点を当てるバリューストリームは、ITIL 4で登場した新しい考え方です。プロセスとの違いや関係について、しっかりと押さえていきましょう。

プロセスとは

プロセスとは、**インプットをアウトプットに変換する、相互につながりがあるやりとりの一連の活動**です。「ユーザからの問い合わせを処理する」プロセスを例に、プロセスの特徴を見ていきましょう。

■「ユーザからの問い合わせを処理する」プロセス※1

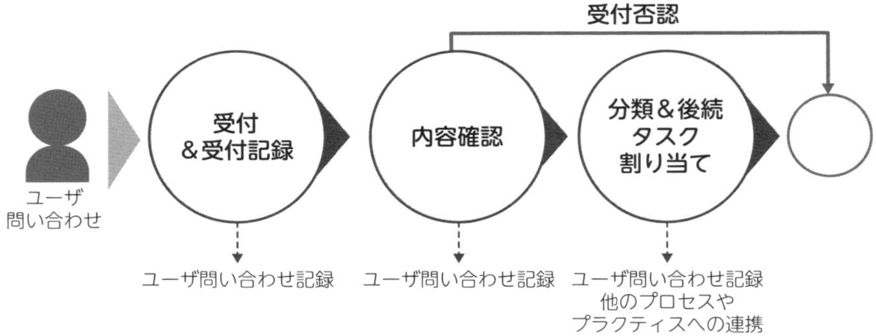

・【プロセスの特徴①】活動を開始するインプットがある

プロセスには、その活動を開始するインプットが必ず存在します。本プロセスにおける主なインプットは、ユーザからの問い合わせです。

例えば、経費申請のやり方がわからないユーザが、サービスデスクにメールで問い合わせをすると、本プロセスが開始されます。問い合わせ方法はメール以外にも、電話やポータルからの入力、直接対面で伝える（ウォークイン）などがあります。

※1 Based upon AXELOS® ITIL ® materials. Material is used under licence from AXELOS Limited. All rights reserved.

・【プロセスの特徴②】活動の結果、アウトプットがある

プロセスには、その活動を実行した結果として必ずアウトプットがあります。本プロセスにおけるアウトプットは、記録、検証された質問内容です。

例えば、経費申請のやり方がわからないユーザからの問い合わせがあった場合、「最終的にどんな状態になれば解決するのか？」「何の経費を申請したいのか？」「具体的にどの操作がわからないのか？」などについて、サービスデスクがユーザとコミュニケーションを行います。そして結果を記録・検証することで、その後のプロセスが適切に開始できる状態にします。

・【プロセスの特徴③】活動の関係性が定義されている

プロセスは、その活動間の関係性が定義されています。本プロセスの例では、「受付＆受付記録」→「内容確認」→「分類＆後続タスクの割当て」という流れで活動が実行されます。また、「内容確認」を実施した結果、問い合わせ内容が不明確だった場合、本プロセスは完了（もしくはキャンセル）となります。

今回の例は非常にシンプルなプロセスのため、基本的には順番に実施するのみですが、条件分岐が複雑なケースや、他のプロセスに活動が受け渡されるケースもあります。

バリューストリームとは

バリューストリームとは、**組織が顧客にサービス提供するために取り組む一連のステップ**です。バリューストリームは、「機会／需要」から始まり「価値」で終わるサービスバリュー・チェーン活動を具体化したものです。サービスバリュー・チェーンについては、「5. ITIL 4の主要コンセプト」で概要を説明しましたが、詳細は「26. サービスバリュー・チェーン（SVC）とは」で説明します。

バリューストリームは、名前の通り「価値」を提供するために必要となる活動を集めたもので、**価値を起点に複数のプロセスを再整理したもの**と言えます。また、バリューストリームは、**活動に無駄がなく、価値がある活動のみが定義された理想の姿**でもあります。

バリューストリームの1つであるユーザのサポート業務を例に、バリューストリームとは何かを見ていきましょう。ユーザのサポート業務とは、ユーザか

らの問い合わせを受け付けてから、それが解決するまでの一連の活動を指します。この業務は、ユーザの単一窓口としてユーザサポート業務を担うサービスデスクの主な活動となります。

■ ユーザサポート業務の流れ※2

#	活動のステップ
1	ユーザ問い合わせの認識と登録
2	問い合わせ内容の調査、再分類と修正
3	スペシャリスト・チームからの修正方法の取得
4	修正方法の展開
5	問い合わせが解決されたことの確認
6	ユーザからのフィードバック要求
7	改善機会の特定

では、ユーザサポート業務が最終的に達成したい価値とは何でしょうか。それは、**ユーザが困っている状況をできる限り迅速に解決すること**です。その目的を達成するための理想的な活動として、上記ステップがバリューストリームとして定義されています。このように、**価値を起点に活動を再整理するという視点がバリューストリームの特徴であり、プロセスとの違いです。**

バリューストリームとプロセスの関係

バリューストリームの各ステップは、複数のプロセスで構成されています。プロセスの例で紹介した「ユーザからの問い合わせを処理する」プロセスは、ユーザサポート業務のステップの＃1「ユーザ問い合わせの認識と登録」および＃2「問い合わせ内容の調査、再分類と修正」の一部に該当します。

＃1と＃2は、一連の活動として成立するため、プロセスとして定義することに問題はありません。しかしながら、この活動が完了したからといって、ユーザが困っている状況は解決されません。その後のステップをすべて完了した結果として、価値が提供される（解決する）のです。

※2 Based upon AXELOS® ITIL ® materials. Material is used under licence from AXELOS Limited. All rights reserved.

ITIL 4では、バリューストリームとプロセスの関係性を、下図のように表現しています。バリューストリームについては、5章と6章でさらに詳しく説明するので、本項ではプロセスとの違いを、最低限次のように押さえておきましょう。

■ プロセスとバリューストリームの違い

- プロセスは、個々の作業や行動を1つの活動として整理したもの
- バリューストリームは、複数のプロセスを、「機会／需要」から「価値」を生み出すまでの一連の流れとして再整理したもの

■ プロセスとバリューストリームの関係※3

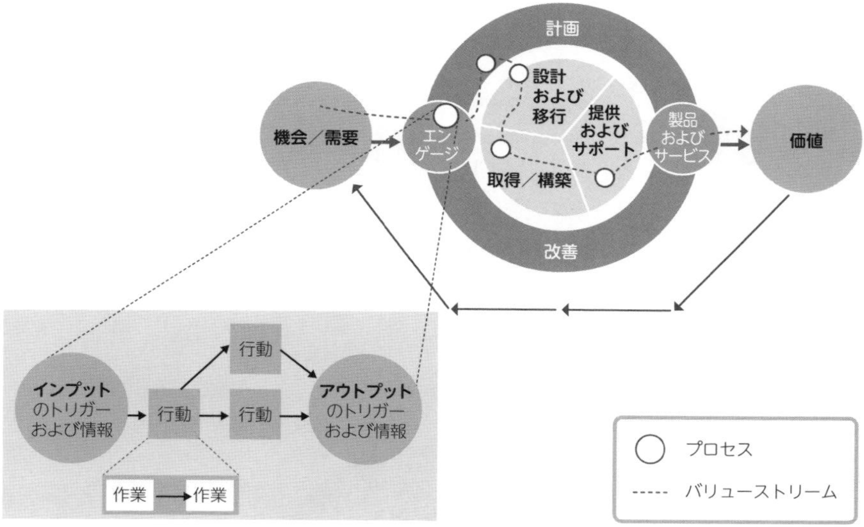

まとめ

- プロセスとは、インプットをアウトプットに変換する、相互につながりがあるやりとりの一連の活動
- バリューストリームは、プロセスを機会／需要から価値を生み出すまでの一連の流れとして再整理したもの

15 外部要因(PESTLE)とは

4つの側面以外の観点として、最後に外部要因であるPESTLEフレームワークについて説明します。外部要因は、4つの側面すべてに影響を与えるため、4つの側面と同様に重要な観点です。

外部要因(PESTLE)とは

これまで説明してきた4つの側面は、組織が意思を持って各観点を検討し、対処する仕組みを確立することで、比較的容易にコントロールすることが可能です。

その一方で、自組織ではコントロールが難しく、かつサービスに影響を与える要因が、世の中には複数存在します。ITILではこの要因を**外部要因**と呼び、PESTLEフレームワークを活用して整理しています。

■4つの側面と外部要因の関係※1

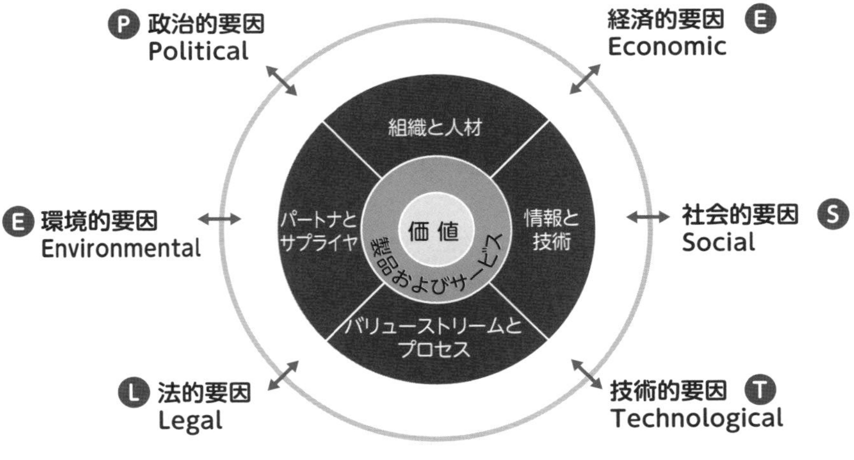

※1 Based upon AXELOS® ITIL ® materials. Material is used under licence from AXELOS Limited. All rights reserved.

PESTLEフレームワークとは、組織内でコントロールが難しい要因である「政治的（Political）」「経済的（Economic）」「社会的（Social）」「技術的（Technological）」「法的（Legal）」「環境的（Environmental）」の頭文字をとったものです。これらの外部要因は様々な形で4つの側面に影響を与えるため、組織は常に外部要因の状況を把握しつつ、サービスへの影響を評価する必要があります。

■ PESTLEとは※2

	要因	例・影響
P	政治的要因 Political	例：特定の国との関係性が悪化 影響：該当国のオフショアリースが活用不可（組織と人材）
E	経済的要因 Economic	例：インフレ率が上昇 影響：調達するパートナやサプライヤの見直し（パートナとサプライヤ）
S	社会的要因 Social	例：人口減少および少子高齢化が加速 影響：リモートワークが可能な技術の採用（情報と技術）
T	技術的要因 Technological	例：自動化、アナリティクスやAIの活用が一般化 影響：バリューストリームとプロセスをより高度化（バリューストリームとプロセス）
L	法的要因 Legal	例：GDPRなどの法制度への適用 影響：個人データの取扱いルールに対処するための組織体制や、情報セキュリティ管理などのプロセス見直し（バリューストリームとプロセス）
E	環境的要因 Environmental	例：SDGsなどの重要性の高まり 影響：データセンターのエネルギー効率を改善するテクノロジーの採用（情報と技術）

まとめ

- PESTLEとは、組織内ではコントロールができない外部要因のこと
- 外部要因は、4つの側面すべてに影響を与えるため、常に組織を取り巻く状況を調査、把握することが重要

※2 Based upon AXELOS® ITIL ® materials. Material is used under licence from AXELOS Limited. All rights reserved.

COLUMN パートナとサプライヤの契約を見直そう

ITサービスを提供する上では、複数の（時には100社以上に及ぶ）パートナやサプライヤと契約を結ぶことがあります。パートナやサプライヤとの関係性を効率的・効果的に管理するには、どうすればよいでしょうか。

このような課題を解決するアプローチの1つが、**パートナとサプライヤのレベルに応じた管理方針の定義**です。この方法では、パートナとサプライヤをビジネス重要度やサービスレベル、運用保守コストの総額など一定の基準に分類し、その分類に応じた管理方針を定義します。管理レベルに濃淡を付けることで、効率的・効果的な管理を実現できます。

分類の例としては、自社にとって重要な「戦略的パートナ」、クラウドサービスのように代替可能な「コモディティサプライヤ」、それ以外の「運用保守パートナ」などが考えられます。この場合、「戦略的パートナ」に関しては、KPIを定めて標準プロセスおよびツールを適用し、管理レベルを高く保ちます。一方で、「コモディティサプライヤ」に関しては、契約内容について交渉する余地がないので、管理は最低レベルとします。

■パートナとサプライヤのレベルに応じた管理方針定義

レベル	ビジネス重要度	サービスレベル	管理方針
戦略的パートナ	高	高～中	中長期的な信頼関係を築き、ビジネス成果や目標達成につなげる ⇒原則、すべての標準プロセスを適用 ⇒KGI*1、CSF*2、KPI*3に従った管理が必須
運用保守パートナ	中～低	中～低	ITサービスの運用保守を請け負い、契約調整が可能 ⇒原則、標準プロセスを適用 ⇒サービスリリース時は、費用対効果に鑑みて適宜判断
コモディティサプライヤ	低	低	代替可能なサプライヤ ⇒原則不要 ⇒必要に応じて、定型業務として実績管理

＊1 KGI（Key Goal Indicator：経営目標達成指標）
＊2 CSF（Critical Success Factor：重要成功要因）
＊3 KPI（Key Performance Indicator：重要業績評価指標）

4章

ITIL 4の主要概念②
SVS

本章では、ITIL 4の主要コンセプトであるサービスバリューシステム（SVS）について学びます。SVSの構成要素である「従うべき原則」「ガバナンス」「サービスバリュー・チェーン」「プラクティス」「継続的改善」について、その概要を理解しましょう。

16 サービスバリュー・システム(SVS)とは

「5. ITIL 4の主要コンセプト」でも簡単にご紹介しましたが、サービスバリュー・システム(SVS)は、ITIL 4の主要コンセプトの1つです。まずは全体像を確認していきましょう。

サービスバリュー・システム(SVS)とは

サービスバリュー・システム(SVS)とは、**価値を高める機会や消費者のニーズなどの需要をインプットに、サービスの価値を創出し、運用していくために必要な仕組み**です。SVSは「従うべき原則」「ガバナンス」「サービスバリュー・チェーン(SVC)」「プラクティス」「継続的改善」の5つの要素で構成されます。

■ サービスバリュー・システム※1

・従うべき原則

従うべき原則とは、**組織の目標、戦略、業務の種類、管理構造が変化したとしても、あらゆる状況で組織を導くことができる推奨事項**です。不透明な状況であっても早期に意思決定を行い、何が正しいのかを判断する指針となります。

※1 Based upon AXELOS® ITIL ® materials. Material is used under licence from AXELOS Limited. All rights reserved.

・ガバナンス

ガバナンスとは、**組織を方向付け、評価・モニタリングする仕組み**です。組織があるべき方向（目標）を示し、その方向に確実に向かっていることをモニタリング、評価する一連の取り組みを指します。原則、すべてのサービスはガバナンス配下で運営されます。

・サービスバリュー・チェーン（SVC）

サービスバリュー・チェーンとは、**組織が価値ある製品またはサービスを消費者に提供し、価値の実現を促進するために実行する、相互に関連した活動**です。SVCはSVSの中心的な要素で、関連する活動を柔軟に組み立てることができるため、ウォーターフォールやアジャイルなどのサービス開発手法に依存せずに、すべてのサービスに適用可能です。

・プラクティス

プラクティスとは、**活動を実行するため、または達成目標を実現するために設計された一連の組織リソース**です。組織リソースは、「組織と人材」「情報と技術」「バリューストリームとプロセス」「パートナとサプライヤ」の4つの側面で整理されており、ITIL 4では34のプラクティスが定義されています。

・継続的改善

継続的改善とは、**組織のパフォーマンスが利害関係者の期待に継続的に応えられるように、あらゆるレベルで繰り返し実行される組織の活動**です。ITIL 4では継続的改善をサポートするモデルとして、**継続的サービス改善モデル**を用いており、様々なプラクティスの基礎となっています。

まとめ

- **SVSは、機会や需要をインプットにサービスの価値を創出し、運用していくために必要な仕組み**
- **SVSは「従うべき原則」「ガバナンス」「サービスバリュー・チェーン」「プラクティス」「継続的改善」で構成される**

17 従うべき原則とは

SVSの1つである「従うべき原則」は、変化が激しい状況においても、様々な場面で意思決定を支援する推奨事項であり、サービス・プロバイダの行動規範となるものです。7つの原則について、それぞれ概要を見ていきましょう。

従うべき原則とは

従うべき原則とは、**一般に適用する基本的な決まり事で、迷ったときの最後のよりどころになる、汎用的かつ永続的な推奨事項**です。この原則は、組織文化と環境に応じて、組織で削除または追加（テーラリング）して利用することが推奨されており、組織内の難しい局面において、個人とチームを支える指針となります。また、リーン、アジャイル、DevOps、COBITなど他のフレームワークの思想も反映されており、他のフレームワークと組み合わせる際にも役立ちます。

7つの「従うべき原則」とは

ITIL 4では、「従うべき原則」として以下の7つが示されています。これらはITIL 4を実践する上での基礎となるため、次節以降で個別に詳しく解説します。

1. 価値に着目する

価値に着目するとは、**それぞれの利害関係者が達成したい価値を正確に捉え、その価値を満たすこと**です。まずは、利害関係者とその関係性を正確に把握することから開始します。

2. 現状からはじめる

現状からはじめるとは、ゼロから始めるのではなく、**今あるリソースや能力を有効活用すること**です。現状を確認し、目指すべき目標とのギャップを正確に把握することを検討します。

3. フィードバックをもとに反復して進化する

フィードバックをもとに反復して進化するとは、**最小限の要件を満たすところから始め、消費者からフィードバックをもらい、反復的にサービスを進化させること**です。大規模なサービスであっても、小さく分割した上でより早期に価値を創出するアジャイル（P.258参照）な考え方です。

4. 協働し、可視性を高める

協働し、可視性を高めるとは、**様々な立場および専門性を持つ関係者が協働することで価値を共創すること**です。円滑なコミュニケーションや関係者間の信頼性を構築するためには、情報共有などによる可視化が重要です。

5. 包括的に考え、取り組む

包括的に考え、取り組むとは、局所的な取り組みで個別最適化されることなく、バリューチェーンなど、**組織全体およびサービス全体の目線で取り組むこと**です。全体包括的な観点は、4つの側面を意識することで実現可能です。

6. シンプルにし、実践的にする

シンプルにし、実践的にするとは、**無駄な活動や測定基準などを極力排除し、最低限必要な要件に絞って実践すること**です。組織横断的に標準化を推進する際などには、強く意識する必要があります。

7. 最適化し、自動化する

最適化し、自動化するとは、**既存の業務をそのまま自動化するのではなく、まず最適化した上で自動化すること**です。先に業務そのものを最適化することで、抜本的に業務を改革し、自動化の効果最大化を目指します。

まとめ

- **原則は、迷ったときのよりどころになる汎用・永続的な推奨事項**
- **7つの従うべき原則は、ITIL 4の考え方の本質であり、関係者全員が理解すべき行動規範**

18 価値に着目する(7つの従うべき原則①)

7つの従うべき原則の1つ目は、「価値に着目する」です。サービスによって価値を提供するには、価値を創出するための活動を4つのステップで考えていくことが重要です。

価値創出のステップ

7つの従うべき原則の1つ目は、**「価値に着目する」**です。P.34の登場人物の定義で紹介した、サービス消費者、サービス・プロバイダ、その他利害関係者にとっての価値を理解し、関連性も意識した上で、すべての活動を推進していく必要があります。

本項では、その中でも特に重要となるサービス消費者の価値を中心に、価値を創出するための4つのステップを説明します。

■ サービス消費者の価値を創出するための4つのステップ※1

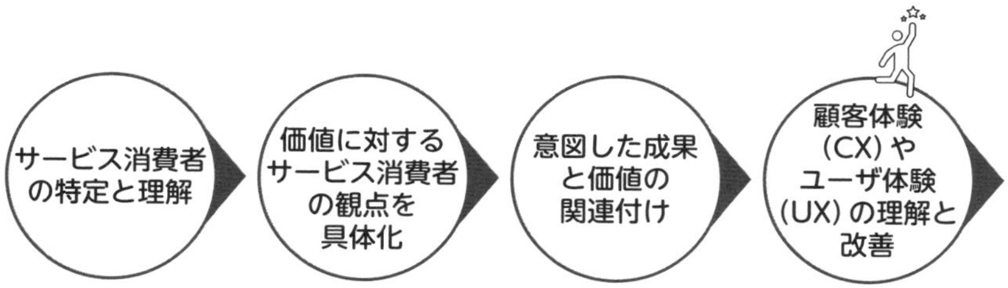

・ステップ1　サービス消費者の特定と理解

最初のステップは、サービス消費者の理解と特定です。「誰がサービス消費者なのか？」を特定し、「どのようにサービスを利用しているのか？」を理解します。

本ステップは、サービスマネジメントにおける最重要ステップと言っても過言ではありません。なぜなら、サービス消費者が誰なのかを明確にせずに進めると、創出すべき価値が利害関係者によってバラバラになってしまい、同じ目標に向かって活動することが難しくなるからです。

旅客機サービスを例に考えてみましょう。サービス消費者を「時間はあるが、できるだけお金をかけずに移動したいと考える学生」と捉えるのか、「お金は高くてもよいが、早く快適に移動したい多忙なビジネスマン」と捉えるかによって、同じ旅客機サービスでも提供する価値はまったく異なります。前者であればローコストオペレーションを実現している航空会社のサービス、後者であればファーストクラス、ビジネスクラスを備えた航空会社の旅客機サービスが最適なサービスとなります。

このステップでは、以下の点を整理することから始めましょう。

■ ステップ1で整理する観点の例

・サービス消費者は誰なのか
・サービス消費者が求めるニーズは何か（早さ、安さ、便利さなど）

・ステップ2　価値に対するサービス消費者の観点を具体化

サービス消費者の理解と特定ができれば、次はサービス消費者が「何に価値を感じるのか？」を明確にします。サービス消費者がサービスを利用するシーンや方法を想像し、以下のような観点を具体化します。

■ ステップ2で具体化する観点の例

・サービス消費者がサービスをなぜ利用するのか
・サービス利用によって何が満たされるのか
・最終的にサービス消費者が達成したい目標にどのように貢献するか
・サービス消費者が抱えるリスクは何か
・サービス消費者にとってのコストはどのように影響するのか

・ステップ3　意図した成果と価値の関連付け

3つ目のステップは、意図した成果と価値の関連付けです。サービス消費者が求めているニーズは刻々と変化します。最新のニーズをキャッチし、俊敏性や柔軟性をもって対応する必要があります。そのためには、提供するサービスが意図した成果を達成しているかを調査することが大切です。

本ステップでは、技術を活用したデータ収集やアンケート調査など、定量・定性の両側面からサービス消費者のニーズを早期に把握する仕組み作りを行います。例えば、社内ヘルプデスクやコールセンターの対応についてアンケート調査を実施する方法や、コールセンターで利用する問い合わせ管理ツールに登録された対応時間や内容・結果の管理データを収集する方法などがあります。

・ステップ4　顧客体験（CX）やユーザ体験（UX）の理解と改善

最後のステップは、顧客体験（CX）やユーザ体験（UX）の理解と改善です。ステップ3で取得したデータをもとに、サービス消費者の不満や要望を理解します。

その際の留意点は、定量・定性の両側面で評価することです。「良いサービス」「悪いサービス」のような抽象的かつ定量的なフィードバックのみでは、改善にはなかなかつながりません。「注文時に約束した期日で届けることが可能だったのか（納期遵守率）」などの、数値化可能なフィードバックを取り入れながら、改善を検討しましょう。

サービス消費者のニーズや期待に応えながらサービスを継続するためには、ステップ1～4を繰り返し実施していくことが大切です。

◎「価値に着目する」ためのポイント

ITIL 4では、「価値に着目する」をうまく組織に適用する3つのポイントを紹介しています。4つのステップを進めるにあたって、これらを意識することで、本原則をより組織に浸透させることができます。

・ポイント1　サービス消費者が求めるニーズを把握する

1つ目のポイントは、サービス消費者が求めるニーズを把握することです。例えば、スマートフォンなどのアプリから提供するサービスでは、UIの変更でサービス消費者の満足度が変化します。そこで、UIを変更するたびに、サービス消費者の満足度を集計・数値化するようにすれば、より正確なニーズを捉え、改善につなげることが可能になります。

また、ニーズの把握には、アンケートを利用することが有用です。アンケートを行う際には、定量的な調査（満足度の集計など）と、定性的な調査（主観的な要望のヒアリングなど）を組み合わせることで、より具体的な改善点・改善案が見えやすくなるでしょう。

・ポイント2　価値に着目するようにスタッフ全員に働きかける

2つ目のポイントは、価値に着目するようスタッフ全員に働きかけることです。スタッフ全員が「サービス消費者が誰か？」を理解し、「我々のサービス消費者が求める価値を提供するために何が必要か？」と考えることが大切です。結果として、各スタッフ自身がサービス消費者の目線を常に意識して、提供するサービスの向上を検討することができるようになります。

・ポイント3　あらゆる改善の取り組みのすべての段階で価値に着目する

3つ目のポイントは、あらゆる改善の取り組みのすべての段階で価値に着目することです。改善活動には、7つのステップがあります。「1. ビジョンは何か？」「2. 我々はどこにいるのか？」「3. 我々はどこを目指すのか？」「4. どのようにして目標を達成するのか？」「5. 行動を起こす」「6. 我々は達成したのか？」「7. どのようにして推進力を維持するのか？」の7つのステップで、これを**継続的改善モデル**と言います。詳細は、P.115で説明しますが、どの段階においても常に価値を起点に考えることが重要です。

まとめ

- **価値に着目するためには、サービス消費者の理解が大事**
- **スタッフ全員が価値を意識するよう働きかけ、改善活動のあらゆる段階で常に価値を起点に行動する**

19 現状からはじめる（7つの従うべき原則②）

7つの従うべき原則の2つ目は、「現状からはじめる」です。新しい取り組みを始める、または既存のサービスを改善するにあたって、今あるものの利用や、過去の成功事例の流用ができないかを検討しましょう。

「現状からはじめる」とは

7つの従うべき原則の2つ目は、**「現状からはじめる」**です。改善を行う際は、過去の遺物をすべて取り除き、新しいものを構築したいという思いに駆られますが、その考えは必ずしも賢明とは限りません。一から作り直すアプローチでは時間の無駄が多く、既存サービスの良い部分を失う可能性があるからです。

この原則では、既存サービスでも良い部分は、将来の目的達成に向けて継続利用を検討することを推奨しています。また、過去の成功事例から流用できるものがないかも合わせて検討します。

「現状からはじめる」ためのポイント

ITIL 4では、「現状からはじめる」を組織に適用する上で、4つのポイントを紹介しています。

・ポイント1　今あるものをできる限り活用できないかを検討する

現行のサービス、プロジェクト、スキル、プラクティスの中で、目的に適している、あるいは使用に適している要素が存在するかを調査します。例えば、サービスであれば、サービスカタログや、サービスメニューを入手し、月次報告書などから現状を客観的に分析します。備考欄や補足欄などの定性コメントも確認し、サービス消費者が抱えている不満や、本サービスの問題を探します。

・ポイント2　サービスの成功事例を活用する

過去に行った、改善施策の成功事例を活用します。ただし、現状に合わない成功事例を無理やり活用する必要はありません。成功事例の背景や前提事項を理解した上で、現在および将来に活用可能であるか分析することが重要です。

・ポイント３　再利用による悪影響を考慮する

現状の事例を再利用する際は、再利用によって本来のサービス品質を損ねるような事態が起きないかを分析します。そのまま再利用することで品質を損ねるようであれば、現状の品質を維持できるような形に修正し、再利用します。

・ポイント４　現状から何も再利用できない場合もある

ポイント1～3と矛盾するところもありますが、完全にゼロから始めるしかない場合もまれにあります。再利用ができない可能性も念頭においた上で検討を行い、現状から始めることができない、過去の成功事例が利用できないと判断した場合は、一から作り直すアプローチに取り組みましょう。

■ 現状からはじめるためのポイント

ポイント1　今あるものをできる限り活用できないかを検討する
現状のリソースの中で、目的に適している、あるいは使用に適している要素が存在するかを調査する

ポイント2　サービスの成功事例を活用する
過去の成功事例や前提事項を理解した上で、活用可能であれば活用する

ポイント3　再利用による悪影響を考慮する
再利用する場合、品質が損なわれるようであれば、現状の品質を維持できる形にする

ポイント4　現状から何も再利用できない場合もある
完全にゼロから始めるしかない場合は、一から作り直す

まとめ

- 過去の改善施策の成功事例に利用可能なものがあれば、再利用する。ただし、悪影響を十分考慮すること
- 過去の成功事例が流用できない場合もあるので、ゼロから始めないといけない可能性も念頭に置いておく

20 フィードバックをもとに反復して進化する(7つの従うべき原則③)

7つの従うべき原則の3つ目は、「フィードバックをもとに反復して進化する」です。変化に俊敏に対応するには、タイムリーで柔軟な反復が重要となるため、「実行しながら正解を見つけていく」アジャイルの考え方が求められます。

「フィードバックをもとに反復して進化する」とは

7つの従うべき原則の3つ目は、**「フィードバックをもとに反復して進化する」**です。活動のアウトプットの一部を、新しいインプットとして使用し、その繰り返しによって行動を調整・改善することを、**フィードバックループ**と言います。

例えば、サービスの月次報告の内容(アウトプット)を、サービス改善を検討・実行する材料(インプット)とし、改善活動の結果を受けて同様のサイクルを翌月も繰り返すことなどが該当します。フィードバックループをプロセスに組み込むことで、柔軟性の向上、顧客ニーズ・ビジネスニーズへの迅速な対応、障害の早期発見・早期解決、全体的な品質改善を図ることができます。

なお、フィードバックループは、サービス提供者側の一方的な見解だけではなく、サービス消費者側からの意見や要望も取り入れることが重要です。これによって、価値を共創する関係性を強化することができます。

■ フィードバックループとは

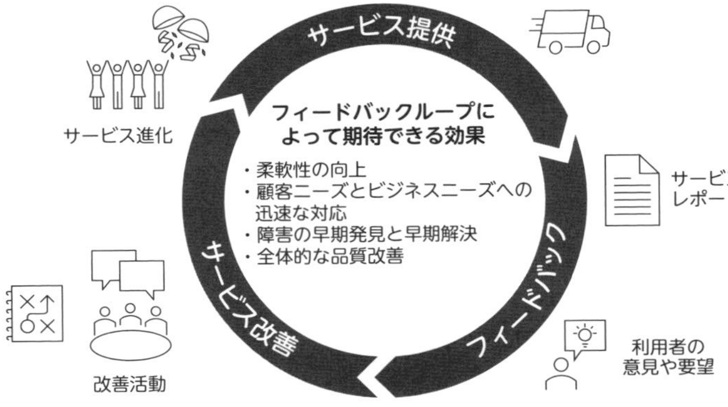

「フィードバックのタイムボックス化」とは

固定された開始日と終了日を設定し、その期間（タイムボックス）内で作業を進めることを、**タイムボックス化**と呼びます。作業工程全体の規模に関わらず、短い「期間」で作業を区切っていくことが大きな特徴です。

「フィードバックをもとに反復して進化する」には、タイムボックス化したフィードバックループが適しています。フィードバックループを短い期間で繰り返す効果として、以下の5つを挙げることができます。

■ フィードバックループをタイムボックス化することで生じる効果

- **同時に作業を進行できる**
  →作業を小さく・扱いやすいセクションに区切ることで、順次だけでなく、同時進行も可能になる
- **管理が簡素化できる**
  →毎回同じ期間でフィードバックを行うので、管理が容易になる
- **結果を見える化できる**
  →作業を小さく区切ることで、作業単位での結果がタイムリーに実感できるようになる
- **タイムリーに対応できる**
  →可視化された結果によって、実行内容の中止や再検討など、タイムリーな対応が可能となる
- **改善することが当たり前になる**
  →反復することで、改善が当たり前の組織文化が醸成され、将来にわたって価値を高め続けることができる

タイムボックス化は、アジャイル（P.258参照）の考え方が基になっています。上から下に各工程を後戻りしない前提で進めていくウォーターフォールに対して、アジャイルでは、機能単位で小さく、素早い開発を繰り返していきます。

例えば、昨今のスマートフォンのアプリケーション開発では、ユーザからのコメントや問い合わせなどを受けて、小さい機能単位で開発・改修を行い、頻繁にリリースを行うことが一般的になりました。デジタル時代における開発・改善においては、「実行しながら正解を見つけていく」ことが求められており、タイムボックス化したフィードバックループが有効な手段の1つとなります。

■タイムボックス化したフィードバックループのイメージ※1

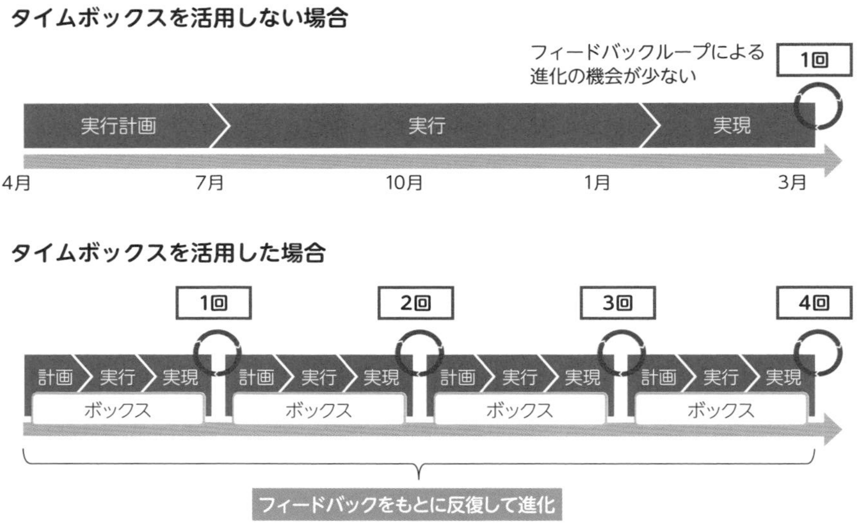

「フィードバックをもとに反復して進化する」ためのポイント

ITIL 4では、「フィードバックをもとに反復して進化する」の原則を、業務改善やシステム開発で実践するポイントとして、以下の3つを紹介しています。

・ポイント1　全体を理解しつつ、行動も起こす

フィードバックの分析を行っても、わからないことはあります。その際に、「すべてが明らかになってから次のアクションを起こすべきだ」と考え、反復と進化を止めてしまう人がいます。これは「分析麻痺」とも言える望ましくない状況です。

フィードバックループを行う際は、ある程度のレベルの理解で次の活動に移ることも考えましょう。これは、全体像の把握が重要ではないという意味ではなく、先に進める、まずは行動を起こすというアクションも同じぐらい重要だということです。

・ポイント2　あらゆるレベル・方法でフィードバックを収集する

常に変化する状況に対応するためには、あらゆるレベルでフィードバックを収集し、活用することが重要です。改善活動の実行前、実行中、実行後に、定点観測するためのポイントを設定しましょう。特に改善活動の実行中には、活動の難易度や作業量、トラブル発生状況など、様々な観点で分析を行い、状況に応じたフィードバックを実施しましょう。

また、フィードバックの方法は会議体の開催だけではありません。チャットツールや、メールなどを活用することで、よりタイムリーなフィードバックを行う機会を設けることができます。例えば、ユーザ窓口となるサービスデスクなどでは、問い合わせに対する回答時にITSMツールからアンケート協力を依頼し、フィードバックを得る仕組みを確立しています。

・ポイント3　速さは不完全を意味するものではない

「速い作業＝不完全な作業」と思われがちですが、1つの作業を迅速に実施することは、アウトプットを確実に生み出します。アウトプットを積み重ね、次に活かすことが、より成果のある開発・改善につながります。速さはクオリティと相反するものではなく、むしろそれを下支えするものであるとも言えます。

「速さ」を実現するためには、フィードバックループのタイムボックスを短く設定することが有効です。反復規模が小さくなることで、管理の簡素化も実現でき、より迅速な対応が可能になります。

まとめ

- フィードバックループを業務プロセスに組み込むことで、全体的な品質改善を図ることができる
- フィードバックループをタイムボックス化することで、より迅速な改善が可能になる
- 長い時間をかけて様々な分析を行うことと同様に、実行しながら正解を見つけていくことも重要であると認識する

21 協働し、可視性を高める(7つの従うべき原則④)

7つの従うべき原則の4つ目は、「協働し、可視性を高める」です。協働を成功させる上では、利害関係者を理解して、より多くの賛同を得ることが大切です。賛同を得るためには、情報共有の可視性を高め、本当の目標を理解する必要があります。

「利害関係者と共創（協働）する」とは

7つの従うべき原則の4つ目は、**「協働し、可視性を高める」**です。価値を共創するためには、段階に応じて適切な人材が適切な方法で関与する必要があります。そのためには、「利害関係者と共創（協働）する」「可視性を高める」という2つの観点が重要です。ここではまず、前者の観点について説明します。

利害関係者の利害は必ずしも一致するわけではなく、相反しやすい利害関係者も存在します。例えば、「〇〇システムの導入プロジェクト」の場合、「開発担当者」は予算内・期限内でサービスをリリースすることを重視する一方で、「運用保守担当者」はサービスリリース後の品質をより重視します。その他にも、プロジェクトの種類や段階、参加者の立場や関係性によって、利益が相反しやすい関係者が存在します。

■ よくある利害関係者の対立※1

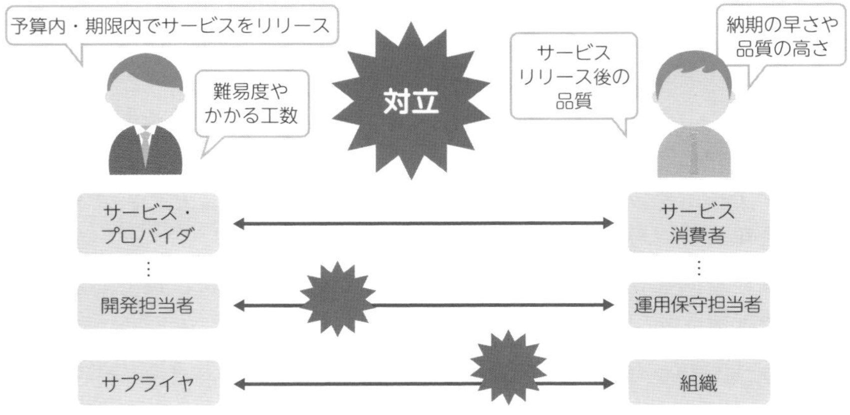

「サービス・プロバイダ」と「顧客（情報システム部門）」の場合、サービス・プロバイダは提供するサービスの難易度や工数に着目しますが、顧客（情報システム部門）は納期の早さや品質の高さを求めがちです。もちろん、顧客（情報システム部門）視点は重要ですが、それだけを意識すると、サービス・プロバイダとの価値共創が困難となります。

このような対立を乗り越えて、利益が相反しやすい関係者と協働するには、次の４つの視点が重要です。

■ 利害関係者と協働するための４つの視点※2

- 同じ情報を持つこと（情報共有）
- お互いを信頼すること（信頼）
- お互いを理解すること（理解）
- 最終的に達成したい共通目標を持つこと（本当の目標（最終目標））

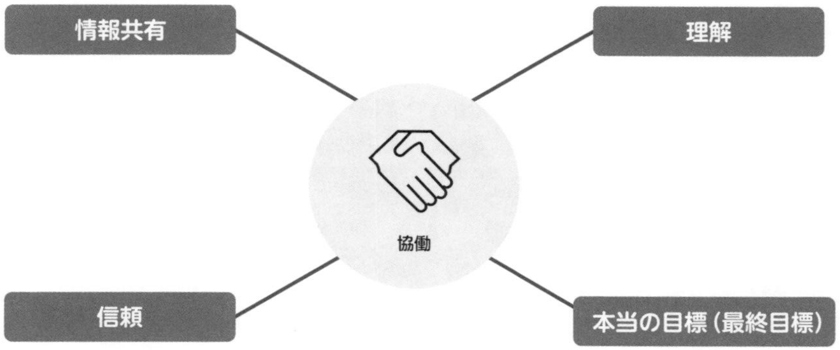

「情報共有」は、依頼した作業のステータスを開示することが大切です。いつ依頼が完了するのか、今どんな状態なのかを正確に共有すれば、それは「信頼」につながります。また、現状の受付数や作業数を伝えることで、現在の忙しさを「理解」してもらうことも可能でしょう。そして、情報共有を軸に信頼と理解を深めた上で、共通の目標を設定すれば、最終的に達成したい「本当の目標（最終目標）」の達成に近づくことができます。

※2 Based upon AXELOS® ITIL ® materials. Material is used under licence from AXELOS Limited. All rights reserved.

「可視性を高める」とは

「可視性を高める」とは、**どのようなタスクを、どのような優先度で実行しているのかを、「見える化」すること**です。

可視化が不十分で、作業の透明性がない場合、その作業が重要でないという印象を与える可能性があります。例えば改善作業について、その目的や効果が可視化されていなければ、緊急性がある日常作業よりも優先度が低いとみなされ、後回しにされてしまうことがあります。最悪のケースでは、改善作業が後回しにされていること自体も可視化されず、重大な問題を抱え込んでいる状態に気づかないまま時間だけが過ぎてしまうことも考えられます。結果として、サービス消費者である顧客は、サービスに対しての不満を募らせるでしょう。

そこで、まずは改善作業を可視化し、本当に達成したい目的を実現するための優先度と現状のステータスを共有することで、サービス消費者と進め方に対する共通理解を持てるようにしましょう。これによって、自ずと信頼関係が生まれ、協働することが可能となります。

■改善作業と日常作業の優先度のイメージ

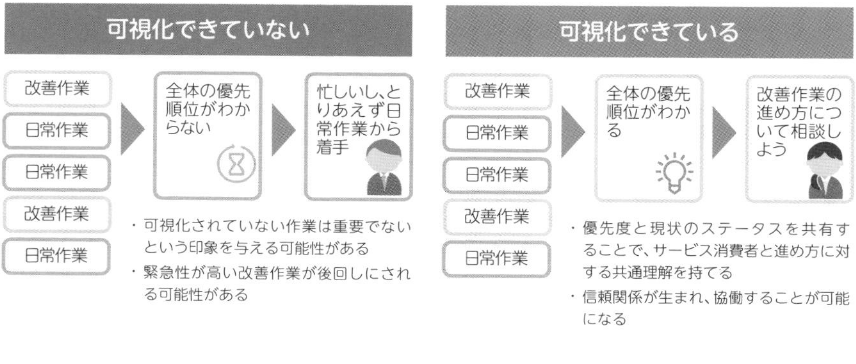

「協働し、可視性を高める」ためのポイント

ITIL 4では、「協働し、可視性を高める」をうまく組織に適用する3つのポイントを紹介しています。これらを意識することで、本原則をより組織に浸透させることができます。

・**ポイント1　協働は、すべての関係者と合意することではない**

協働するためにゴールを明確化し、認識齟齬が発生しないようにすることは大事ですが、利害関係者の想いは様々です。そのため、取り組みを進める前に、関係者全員から合意を取る必要はありません。少なくとも、合意形成において重要となる利害関係者（キーパーソン）とのすり合わせは確実に行いましょう。

・**ポイント2　対象者に合った方法で情報を伝える**

幅広い利害関係者と協働するには、相手や状況に応じて適切なコミュニケーションを選択することが重要です。「今までこの方法でやってきたから」と思考停止してしまうのではなく、ツールも含めて情報共有の手段を考えましょう。

例えば全社員に情報共有する場合は、社内ポータルを用いて共有することが効果的です。一方で、プロジェクト内やチーム内のみの、少ない関係者に共有する際は、メールやチャットを用いたタイムリーかつ双方向なコミュニケーションがよいでしょう。ただし、どの情報共有手段が適切なのかは、ケースバイケースです。柔軟に対応できるように、最低限のルールを定めておくことを推奨します。

・**ポイント3　可視性を高めるには、データの妥当性と信頼性が重要である**

データに妥当性や信頼性がなければ、誤った共通理解を持ってしまうリスクがあります。また、できる限り多くのデータを収集・分析したいところはありますが、この作業に時間やお金をかけすぎるのも失敗のもとになります。収集・分析するデータの用途や便益と、かかるコストのバランスに鑑みて検討することが重要です。

まとめ

- **協働するためには、情報の共有を行い、互いの理解や信頼を深め、共通の目標を持つことが重要**
- **情報共有によって可視性を高め、共通理解を持つことで、お互いの信頼関係が構築され、協働することが可能となる**

22 包括的に考え、取り組む（7つの従うべき原則⑤）

7つの従うべき原則の5つ目は、「包括的に考え、取り組む」です。サービスマネジメントを実践する上では、4つの側面の視点から、包括的なアプローチで取り組むことが必要です。

「包括的に考え、取り組む」とは

7つの従うべき原則の5つ目は、**「包括的に考え、取り組む」**です。これは、ITIL 4の主要概念である4つの側面を通して、サービスマネジメントを包括的に理解し、実践するという視点です。

組織で利用するシステム（情報と技術）を構築する、またはクラウドなどのサービス（パートナとサプライヤ）を利用するにあたっては、その組織の業務プロセス（バリューストリームとプロセス）を理解しておくことが不可欠です。また、そのシステムを使うユーザや顧客（組織と人材）の体制や役割分担なども考慮する必要があります。

このように、1つの観点にとらわれず、システム・人・プロセス全体のコラボレーションを意識して、全体最適なアプローチで改善することが重要です。

■ 4つの側面が包括的に取り込まれるイメージ※1

4つの側面

システム構築における検討の視点（例）

組織と人材
- サービス消費者（ユーザ・顧客）は誰か？
- サポート組織の体制は十分か？

情報と技術
- システムで活用しているテクノロジーは何か？
- 情報はどのように管理されているか？

パートナとサプライヤ
- パートナとサプライヤの実績は十分か？
- 提供されるサービスと他システムの関連性は？

バリューストリームとプロセス
- 業務が可視化および標準化されているか？
- ボトルネックになっているプロセスがないか？

※1　Based upon AXELOS® ITIL ® materials. Material is used under licence from AXELOS Limited. All rights reserved.

「包括的に考え、取り組む」ためのポイント

ITIL 4では、「包括的に考え、取り組む」をうまく組織に適用する、3つのポイントを紹介しています。

・ポイント1　システムの複雑さを認識

複雑なシステムでは、変更による業務や他システムへの影響などを想定し、影響を最少化する計画を立て、評価・実行します。包括的に考えるには、システム全体の複雑さを正しく理解する必要があります。複雑さの理解が曖昧だと、個別作業の評価しかできず、悪影響が起こるリスクが高まる点には留意しましょう。

・ポイント2　協働は包括的に考え、取り組むための鍵

タイミングよく協働できる適切な仕組みを作ると、包括的に課題に取り込むことが容易になります。例えば、チームを横断するような会議体で組織全体の課題を検討する仕組みがあれば、普段から関係者が自分の領域に閉じず、組織全体の目線で包括的に考えることができるようになります。

・ポイント3　自動化は包括的に取り組むことを促進

機会と十分なリソースがあれば、積極的に自動化に取り組むことを推奨します。自動化技術を利用するためには、プロセス、システムの設定や利用データ、人の操作手順など構成要素の可視化が必須です。これにより、結果として組織全体が可視化され、包括的にサービスマネジメントを実行できます。

まとめ

- **包括的なアプローチに取り組む際は、4つの側面を意識してその関係性を可視化する**
- **システムの複雑さを認識していれば、影響を慎重に評価可能**
- **包括的に捉えるには自動化が効果的**

23 シンプルにし、実践的にする(7つの従うべき原則⑥)

7つの従うべき原則の6つ目は、「シンプルにし、実践的にする」です。目標を達成するために必要なステップを最小限にとどめながら、早期に成果を実現していきます。

「シンプルにし、実践的にする」とは

7つの従うべき原則の6つ目は、**「シンプルにし、実践的にする」**です。本原則は、価値を一切もたらさない、あるいは有用な成果を生み出さないプロセス、サービス、活動、測定基準は極力廃止し、シンプルにします。この考え方を、**成果ベースの思考**と言います。

ある業務プロセスの設計を例に、考えてみましょう。業務で発生する様々な例外パターンを漏れなく洗い出してプロセスに組み込むと、業務が複雑になり、運用ができない、または形骸化するリスクがあります。

そこで、本原則に則って、標準プロセスをシンプルに設計します。その上で、例外処理をプロセスにすべて組み込むのではなく、例外が発生した際の対処方針を定義します。これによって、プロセスがシンプルになり、日々の運用に耐えうる実践的なプロセスを設計できます。

■ シンプルで実践的なプロセスの例

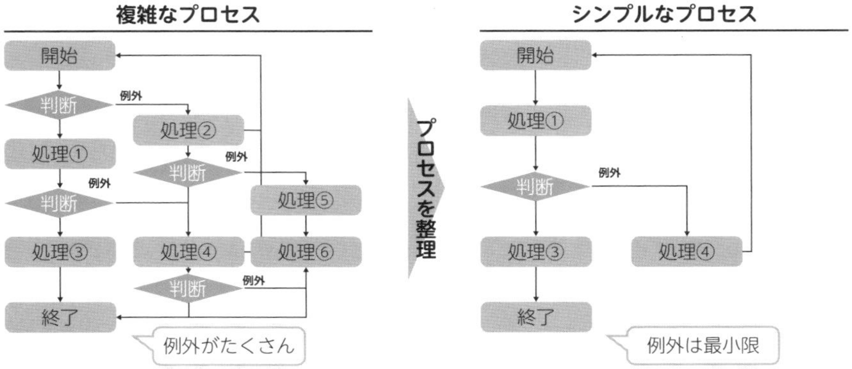

「シンプルにし、実践的にする」ためのポイント

ITIL 4では、「シンプルにし、実践的にする」を組織に適用する3つのポイントを紹介しています。これらを意識することで、本原則をより組織に浸透させることができます。

・ポイント1　価値への貢献を意識する

シンプルにする上では、組織全体の価値創出に貢献するかを意識することが重要です。例えば、本番環境のシステムに変更作業を実施する際に、作業時のログを取得するステップがあります。このステップは、現場の担当者からすれば面倒で時間がかかる作業のため、廃止した方がシンプルになると思うかもしれません。しかし、コンプライアンスの観点からは、証跡を残す作業として重要な価値をもたらしているため、廃止してはいけません。

・ポイント2　関係者の時間を尊重する

過度に複雑で官僚的なプロセスは、関係者の時間を浪費します。関係者の時間を尊重し、シンプルなプロセスを取り入れて価値のある活動に集中できるようにしましょう。そのためには、常に課題意識を持ち、考え続けるマインドが重要となります。

・ポイント3　シンプルさは合意のスピードを速める

利害関係者が内容を理解しやすいため、シンプルにすれば合意形成を図りやすくなります。合意形成を迅速に進め、素早く実行に移すことで、早期の効果創出（クイックウィン）が可能となります。

まとめ

- **シンプルにすることで、品質の向上、関係者の時間削減など、様々な効果を生むことができる**
- **シンプルなものはわかりやすく、合意しやすいため、早期に効果創出が可能**

24 最適化し、自動化する(7つの従うべき原則⑦)

7つの従うべき原則の7つ目は、「最適化し、自動化する」です。最適化と自動化を行うことは、組織の人的リソースと技術的リソースを最大限に有効活用することにつながります。

最適化のステップとは

最適化とは、**「その活動において合理的な範囲で、無駄や課題を見つけ、合理的な改善を行うこと」**を指します。最適化を行う際には、改善後の効果まで見据えて検討し、優先順位を付けて実行していくことが大切です。具体的には、次のようなステップを踏みます。

・ステップ1　あるべき姿の検討

組織のビジョンおよび目的を理解し、ゴール設定を明確にします。ビジョンや目的を明確にしないまま最適化を行うと、必要な作業やリソースまで削ってしまう恐れがあります。

・ステップ2　現状の評価

現状を評価し、改善を行うべきポイントの洗い出しを行います。この段階では、「どのように」ではなく「何を」改善するかを先に検討し、その影響や優先度を洗い出すことが大切です。

・ステップ3　あるべき姿の策定

改善後のあるべき姿を立案します。その際、最適化した後の価値が組織にどのような恩恵（定量・定性面での効果）をもたらすかを考えましょう。定量的な効果を具体的な数値で示すことができれば、説得力が増します。

・ステップ4　最適化の合意

最適化を実施する前に、適切な利害関係者との合意を確実にとります。最適化の範囲が組織内なのか、組織外まで含むのかによって、合意をとるべき利害関係者は変わります。状況に応じて適切な利害関係者に、今回実行する最適化の内容を納得してもらいましょう。

・ステップ5　最適化の実施

合意した改善内容を実施します。この改善は1回で終わらせるのではなく、反復的に実施することが重要です。そのためには、測定基準や定点観測するポイント（時期や、回数など）を、あらかじめ定めておきましょう。

・ステップ6　最適化の評価

当初計画していた測定基準を満たしているかについて継続的に評価し、そのフィードバックをさらに活動に反映します。計画通りに達成できなかった場合はもちろん、計画通りに達成できた場合でも、次の改善ポイントがないかを分析し、新たな目標を設定しましょう。

最適化を行うには、以上の1〜6のステップを何度も繰り返すことが重要です。

■ 最適化のステップ※1

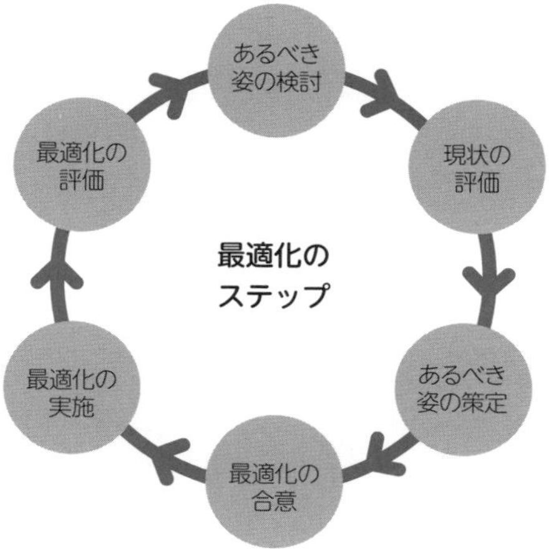

※1　Based upon AXELOS® ITIL ® materials. Material is used under licence from AXELOS Limited. All rights reserved.

自動化の導入とは

自動化の導入とは、**「人手のかかる作業を、マクロや自動化ツール（ロボットを含む）などの技術によって、人手を介在させることなく正確かつ継続的に実行すること」**を指します。例えば、自動化ツールを用いると、人の手で行っていたシステムの操作を、定期的に反復実行できます。頻度の高い反復作業を自動化すれば、人的リソースを削減し、より複雑な意思決定や改善活動に注力することが可能になります。

自動化を行うにあたっては、次のステップを踏みます。

・ステップ1　活動・作業を最適化する

自動化を導入する際は、まずはその活動・作業を合理的な範囲で最適化する必要があります。最適化を検討しないで自動化を導入すると、作業が結局複雑になってしまい、自動化導入にも時間を要することになってしまいます。

・ステップ2　自動化の実装

すべてのプロセスを自動化できることがベストですが、あまりにも大きな計画は実装までに時間がかかります。プロセスを分割し、導入による効果が得られるものを分析して、段階的に自動化を実装しましょう。

・ステップ3　結果のモニタリングおよび継続的改善

計画した通りに自動化が実現できたかを、モニタリングします。計画通りに実現できなかった点については、分析結果をアウトプットとして、次の改善活動のインプットにつなげましょう。

■ 自動化の導入ステップ

「最適化し、自動化する」ためのポイント

ITIL 4では、「最適化し、自動化する」を組織に適用する3つのポイントを紹介しています。最適化と自動化を適切なサイクルで実施することで、効果的な継続的サービス改善が実現できます。

・ポイント1　自動化の前に簡略化や最適化を実施する

複雑だったり、最適でなかったりするプロセスに自動化を実装しても、期待する成果が得られない可能性があります。自動化を実施する際は、そのプロセスに無駄がないか、本来の最適な形は何かなどをあらかじめ検討しましょう。

・ポイント2　測定基準を定義する

自動化の目標と実際の成果については、適切な測定基準で評価する必要があります。自動化の導入によりどれぐらいの工数が削減できるのかを明確にし、その目標が達成できたかを測定しましょう。測定の際は、毎回同じ基準を用いることで、再現性のある効果を発揮できることを確認することが大切です。

・ポイント3　他の従うべき原則とセットで適用する

この原則を適用するには、他の原則（特に下記の原則）とセットで適用することを推奨します。

・フィードバックをもとに反復して進化する（P.84参照）
・シンプルにし、実践的にする（P.94参照）
・価値に着目する（P.78参照）
・現状からはじめる（P.82参照）

まとめ

- **最適化と自動化は、リソースの有効活用につながる**
- **自動化を行う前には、プロセスの最適化を行っておく**
- **一度にすべてのプロセスを自動化するのではなく、ある程度効果のあるステップに区切り、できるところから自動化を導入する**

25 ガバナンスとは

SVSの2つ目はガバナンスです。ガバナンスは、組織のあるべき姿を示し、正しい方向に進んでいるのかをモニタリング・評価する仕組みです。マネジメントとの違いも含めて理解しましょう。

ガバナンスとは

目の前の仕事に追われていると、業務を実施することが目的になってしまい、いつの間にか本来の目標を見失ってしまうことはないでしょうか。そのような状態に陥ることを防ぐために必要なのが、ガバナンスです。

ガバナンスとは、組織の目標（方向性）を示し、その目標達成に向かって業務が正しく推進されているのかをモニタリング、評価する仕組みです。通常は経営層が実施し、組織全体の一貫性や健全性をチェックします。

ガバナンスに似た概念として、マネジメントがあります。**マネジメントは、ガバナンスで定義された方向性を受けて、その目標を達成するためにPDCAを実行する仕組みのことで、通常は管理者層が実施**します。

このように、最終的な目標に対する説明責任を持つ経営者（カバナンス）と、実現に向けた実行責任を持つ管理者（マネジメント）で役割責任を明確にすることで、組織内でチェック機能を働かせ、健全性を担保します。

■ ガバナンスとは

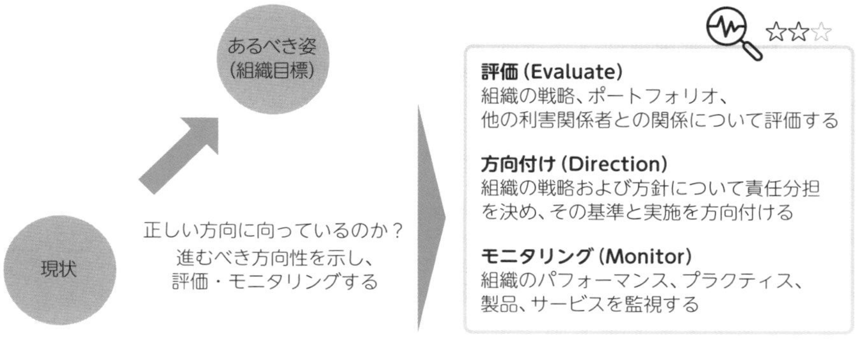
あるべき姿
（組織目標）
現状
正しい方向に向っているのか？
進むべき方向性を示し、
評価・モニタリングする
評価（Evaluate）
組織の戦略、ポートフォリオ、
他の利害関係者との関係について評価する
方向付け（Direction）
組織の戦略および方針について責任分担
を決め、その基準と実施を方向付ける
モニタリング（Monitor）
組織のパフォーマンス、プラクティス、
製品、サービスを監視する

なお、ITIL 4では、ガバナンスフレームワークとしてデファクトスタンダートとなっているCOBIT（最新は2019）を参照することを推奨しています※1。

ITサービス運営におけるガバナンスの例

通常、組織全体のガバナンスは、コーポレート・ガバナンスと呼び、その責任は取締役会となりますが、日々発生する膨大な意思決定をすべて取締役会で実施するわけにはいきません。よって、経営層や上位の管理者層に権限を移譲する形で、様々な役割の会議体を運営するのが一般的です。ガバナンスの中でも、ITガバナンスの観点で運営される会議体の例を紹介します。

■ITガバナンスの観点で運営される会議体の例

名称	目的	議題	開催頻度	主な参加者
エグゼクティブ委員会	ITサービスが組織目標達成に貢献しているかを評価・意思決定するための委員会	中長期的な戦略の共有や、直近の成果のレビューなど	4半期	事業部門、IT部門、サービス・プロバイダの各経営層など
オペレーショナル委員会	ITサービスのパフォーマンスについて評価・意思決定する委員会	顧客満足度含む月次パフォーマンス報告書、アクションと決定事項、重大インシデントのレビューなど	月次	サービスオーナおよび担当者、プロセスオーナ、ユーザ代表など
情報セキュリティ委員会	情報セキュリティ関連の評価・意思決定に特化した委員会	セキュリティ方針についての検討、課題や対策のレビュー、定期的な取り組みに対する報告（セキュリティ教育や棚卸チェック）など	月次	専任されたセキュリティ委員会メンバと運営事務局、各議題の関係者など

まとめ

- ガバナンスは組織のあるべき姿を示し、正しい方向に進んでいるのかをモニタリング・評価する仕組み
- ガバナンスは方向を定めて評価する仕組みで、マネジメントはガバナンスに従ってPDCAを実行する仕組み

※1 https://itgi.jp/index.php/cobit2019

26 サービスバリュー・チェーン(SVC)とは

SVSの3つ目は、サービスバリュー・チェーン（SVC）です。SVCは、需要から価値を生み出す一連の活動をモデル化したもので、「計画」「改善」「エンゲージ」「設計および移行」「取得／構築」「提供およびサポート」の6つから構成されます。

サービスバリュー・チェーン（SVC）とは

サービスバリュー・チェーン（以下、SVC）は、**需要に応えるために、価値のあるサービスを消費者に提供する一連の活動**をモデル化したものです。

SVCは、**「計画」「改善」「エンゲージ」「設計および移行」「取得／構築」「提供およびサポート」**の6つの活動で構成されています。これらの活動は相互に関連性があるため、ある活動のアウトプットが、他の活動のインプットとなります。また、その活動の流れは様々なパターンが考えらえるため、SVCでは流れを示すことなく、概念としてモデル化しているところが大きな特徴です。

■ サービスバリュー・チェーン（SVC）の図と基本ルール※1

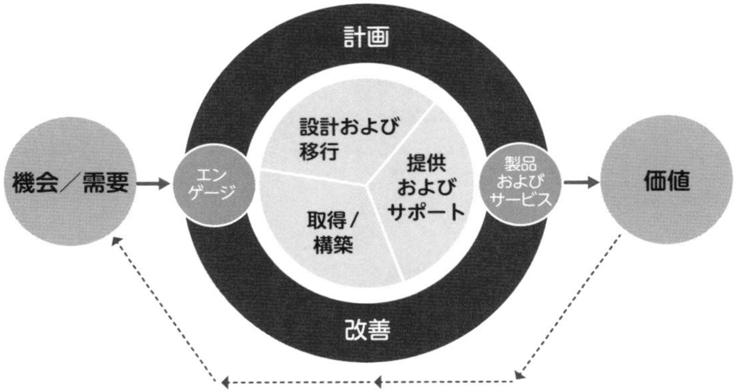

基本ルール
- サービス・プロバイダが、バリューチェーン外部の関係者とやりとりする場合、すべて「エンゲージ」活動を通して実施される
- 新規のリソースは、すべて「取得／構築」活動を通じて獲得される
- あらゆるレベルの計画立案は、「計画」活動を通じて実行される
- あらゆるレベルの改善は、「改善」を通じて開始され、管理される

※1　Based upon AXELOS® ITIL ® materials. Material is used under licence from AXELOS Limited. All rights reserved.

「計画」とは

計画の目的は、**計画を組織全体に確実に共有し、すべての製品およびサービスに関わる利害関係者が理解すること**です。単に計画を策定することが目的ではなく、利害関係者がビジョン、現状、改善内容などを理解することが目的です。

この活動は、戦略レベル（組織の経営陣から出されるビジョンや方針など）から、運用レベル（日々の運用のパフォーマンスレポートや改善要求に対する改善計画など）まで、あらゆるレベルの計画立案を通じて実行されます。

■ 計画活動のインプット※2

No.	インプット	インプット元
1	方針、要件および制約	エンゲージ
2	統合された需要と機会	
3	パフォーマンス情報	改善
4	改善の取り組みと計画	
5	改善ステータス・レポート	
6	ナレッジと情報（製品、サービス、サードパーティのサービス）	設計および移行、取得／構築、エンゲージ

■ 計画活動のアウトプット※3

No.	アウトプット	アウトプット先
1	戦略的・戦術的計画、運営計画	すべて
2	ポートフォリオ上の意思決定	設計および移行
3	アーキテクチャと方針	
4	改善機会	改善
5	製品とサービス・ポートフォリオ	エンゲージ
6	契約と合意に関する要件	

「改善」とは

改善の目的は、**製品およびサービスを継続的に改善すること**です。

この活動では、SVC全体や日々の業務の改善など、あらゆるレベルの改善が開始・管理されます。

■ 改善活動のインプット※4

No.	インプット	インプット元
1	パフォーマンス情報	提供およびサポート
2	利害関係者のフィードバック	エンゲージ
3	改善機会およびパフォーマンス情報	すべて
4	ナレッジと情報（製品、サービス、サードパーティのサービス）	設計および移行、取得／構築、エンゲージ

■ 改善活動のアウトプット※5

No.	アウトプット	アウトプット先
1	改善の取り組み	すべて
2	バリューチェーン活動のパフォーマンス管理	計画
3	契約と合意に関する要件	すべて
4	パフォーマンス情報	設計および移行

「エンゲージ」とは

エンゲージの目的は、**利害関係者のニーズを理解し、透明性の高い情報共有、継続的なコミュニケーションを実施すること**です。すべての利害関係者との関係を良好に維持する活動が該当します。

例えば、サービス消費者・市場からの要望（需要）やユーザからのフィードバックを受け取る活動、顧客へのサービス実績報告など、関係者との接点となる活動が含まれます。

■ エンゲージ活動のインプット※6

No.	インプット	インプット元
1	製品およびサービス・ポートフォリオ	計画
2	需要の概要と詳細な要件、要求とフィードバック	顧客
3	インシデント、サービス要求、フィードバック	ユーザ
4	ユーザサポート・タスクの完了情報	提供およびサポート
5	マーケティング機会	潜在顧客、ユーザ
6	協力の機会とフィードバック	パートナおよびサプライヤ
7	契約と合意に関する要件	すべて
8	ナレッジ情報（製品、サービス、サードパーティのサービス）	設計および移行、取得／構築、パートナおよびサプライヤ
9	パフォーマンス管理	提供およびサポート
10	改善の取り組みおよび改善ステータス・レポート	改善

■ エンゲージ活動のアウトプット※7

No.	アウトプット	アウトプット先
1	統合された需要と機会	計画
2	製品とサービスの要件	設計および移行
3	ユーザサポート・タスク	提供およびサポート
4	改善機会と利害関係者のフィードバック	改善
5	変更またはプロジェクト開始要求	取得／構築
6	パートナおよびサプライヤとの契約と合意	設計および移行、取得／構築
7	ナレッジと情報（製品、サービス、サードパーティのサービス）	すべて
8	サービスパフォーマンスレポート	顧客

●「設計および移行」とは

設計および移行の目的は、**製品およびサービスが、品質やコスト、市場投入までの期間について、利害関係者からの期待に継続的に応えられるようにすること**です。

設計および移行には、サービスの仕様を設計する活動と、サービスを新規に導入する、または既存サービスから移行する活動が含まれます。品質・コスト・納期をコントロールするプロジェクト管理の要素を含む活動も該当します。

■ 設計および移行活動のインプット※8

No.	インプット	インプット元
1	ポートフォリオ上の意思決定	計画
2	アーキテクチャと方針	
3	製品とサービスの要件	エンゲージ
4	改善取り組みおよび改善ステータス・レポート	改善
5	パフォーマンス情報	提供およびサポート、改善
6	サービス・コンポーネント	取得／構築
7	ナレッジと情報（製品、サービス、サードパーティのサービス）	取得／構築、エンゲージ
8	パートナおよびサプライヤとの契約と合意	エンゲージ

■ 設計および移行活動のアウトプット※9

No.	アウトプット	アウトプット先
1	要件と仕様	取得／構築
2	契約と合意に関する要件	エンゲージ
3	製品およびサービス	提供およびサポート
4	ナレッジと情報（製品、サービス、サードパーティのサービス）	すべて
5	パフォーマンス情報と改善の機会	改善

「取得／構築」とは

取得／構築の目的は、**各サービスを構成する要素（コンポーネント）が合意された仕様を満たし、必要なときに必要な場所で利用できるようにすること**です。

取得／構築では、**サービスを開発・構築する活動**が行われます。ITサービスで言えば、プログラミングや、ITインフラストラクチャの構築とその品質を担保するためのテストなどが該当します。なお、新規サービスの場合は、すべて取得／構築のバリューチェーン活動を通じて獲得します。

■ 取得／構築活動のインプット※10

No.	インプット	インプット元
1	アーキテクチャと方針	計画
2	パートナおよびサプライヤとの契約と合意	エンゲージ
3	商品とサービス	パートナおよびサプライヤ
4	要件と仕様	設計および移行
5	改善ステータス・レポート	改善
6	変更およびプロジェクト開始の要求	提供およびサポート、エンゲージ
7	ナレッジと情報（製品、サービス、サードパーティのサービス）	設計および移行、エンゲージ

■ 取得／構築活動のアウトプット※11

No.	アウトプット	アウトプット先
1	サービス・コンポーネント	提供およびサポート、設計および移行
2	契約と合意に関する要件	エンゲージ
3	ナレッジと情報（製品、サービス、サードパーティのサービス）	すべて
4	パフォーマンス情報と改善の機会	改善

「提供およびサポート」とは

提供およびサポートの目的は、**利害関係者の期待に応じて、合意された仕様に従ってサービスの提供およびサポートを実施すること**です。

提供およびサポートは、サービス消費者が実際にサービスの提供を受けて利用できる段階です。また、サービス・プロバイダは、サービスを提供するとともに、困ったユーザのサポートを行います。これらも本活動に該当します。

■ 提供およびサポート活動のインプット※12

No.	インプット	インプット元
1	製品とサービス	設計および移行
2	サービス・コンポーネント	取得／構築
3	改善取り組みおよび改善ステータス・レポート	改善
4	ユーザサポート・タスク	エンゲージ
5	ナレッジと情報（製品、サービス、サードパーティのサービス）	エンゲージ、設計および移行、取得／構築

■ 提供およびサポート活動のアウトプット※13

No.	アウトプット	アウトプット先
1	サービス	エンゲージ
2	ユーザサポート・タスクの完了情報	
3	製品およびサービスのパフォーマンス情報	エンゲージ、改善
4	改善機会	改善
5	契約と合意に関する要件	エンゲージ
6	変更要求	取得／構築
7	サービスパフォーマンス情報	設計および移行

実務における活動は様々なパターンが考えられます。関係者間の共通理解を促進するために、概念モデルを意識しながら構造的に整理していきましょう。

まとめ

- **SVCは、需要から価値を生み出す一連の活動**
- **SVCの活動は、「計画」「改善」「エンゲージ」「設計および移行」「取得／構築」「提供およびサポート」の6つ**

27 プラクティスとは

SVSの4つ目は、プラクティスです。プラクティスは、実務で活用するためのリソースが体系的にまとめられたもので、SVSの中で最も実践的かつ具体的な内容です。本節では、まずはプラクティスの概要を見ていきましょう。

プラクティスとは

プラクティスは、**各活動で達成目標を実現するために設計されたリソース全般**です。リソースとは、4つの側面である「組織と人材」「情報と技術」、「パートナとサプライヤ」「バリューストリームとプロセス」が該当します（P.52参照）。この4つの側面の観点でサービスマネジメントの構成要素を整理することで、特定の側面のみに偏った設計になってしまうことを防止します。

例えば新しいサービスをリリースする場合、障害対応の業務を設計する際に、業務内容、業務フローなどのプロセスを設計します。しかしながら、その業務を運用する人のスキルが不明確（組織と人材の観点）であったり、パートナ・サプライヤが関与する場合の考慮（パートナとサプライヤの観点）や、新たに採用する技術に対する考慮（情報と技術の観点）が漏れていたりすると、サービス提供が難しくなります。

このような考慮漏れを防ぐためのプラクティスとして、「インシデント管理」があります。このプラクティスでは、インシデント管理に必要となる役割と、求められる能力が定義されています。また、パートナ・サプライヤを活用する場合のポイントや、障害対応を自動化するためのテクノロジーについても言及されています。

以上のように、プラクティスとは、**全体俯瞰的な観点で、漏れなくサービスマネジメントの設計を検討できる実践的なノウハウ集**であると理解していただくとよいでしょう。

プラクティスはモジュール（部品）

プラクティスのもう1つの特徴は、**様々な状況に応じて組み替え可能なモジュール（部品）**である点です。ITIL 4がデジタル時代、VUCA時代に適用可能な柔軟性を備えたフレームワークであり、従来のITILと大きく異なる点です。

これまでのITILはプロセス重視の考え方でした。プロセス重視とは、最終形の定義された設計図（あるべき姿）があり、**設計図を見ながらプラモデルを組み立てるアプローチで、変化が少ないことが前提**となっていました。

しかしながら、デジタル時代、VUCA時代が到来し、あるべき姿のような正解がない状況においては、プロセス重視の従来の考え方ではサービスの価値を提供することが難しくなりました。そこで、これらの課題を解決するために、ITIL 4では、価値を重視するバリューストリームを新しいコンセプトとして採用しました。価値を実現するためのバリューストリームは、組織によって多種多様です。そこに正解はありません。各組織が望む形に自由に設計できるよう、その部品として提供されているのがプラクティスになります。

プラクティスの全体像

ITIL 4は、34のプラクティスを定義しています。誕生した起源によって、「一般的マネジメント・プラクティス」「サービスマネジメント・プラクティス」「技術的マネジメント・プラクティス」の3つに分類されます。

これらのプラクティスをすべて覚える必要はありません。実務で活用する際には、**組織の目標を達成するために必須となるプラクティスを識別し、優先度の高いものから小さく始める**ことが重要です。

・一般的マネジメント・プラクティス

IT分野だけではなく、ビジネス全般の分野で培われた汎用的、一般的なプラクティスです。

■一般的マネジメント・プラクティス※1

#	プラクティス名	プラクティスの概要
1	アーキテクチャ管理	・組織が現在および将来の目標を効果的に達成するために、アーキテクチャを定義および設計 ・アーキテクチャをコントロールするための原則、標準、ツールの提供
2	継続的改善	組織のプロセスとサービスを変化するニーズに合致させるため、製品、サービス、プラクティス、または製品とサービスの管理に関係する要素を継続的に改善
3	情報セキュリティ管理	組織が事業を行うために、必要な情報を保護（情報の機密性、完全性、可用性に対するリスクの理解と管理、認証や否認防止などの情報セキュリティの他の側面を含む）
4	ナレッジ管理	組織全体での情報と知識の効果的、効率的、かつ便利な使用を維持および改善
5	測定および報告	不確実性のレベルを下げることにより、適切な意思決定と継続的な改善をサポート（さまざまな管理対象オブジェクトの関連データの収集と、適切なコンテキストでのデータの評価で実現）
6	ポートフォリオ管理	組織がその資金調達とリソースの制約内で組織の戦略を実行するためのプログラム、プロジェクト、製品、サービスの適切な組み合わせを管理
7	組織変更の管理	組織内の変更がスムーズかつ正常に実装されるように、変更の人間的・文化的な側面を管理
8	プロジェクト管理	組織内のすべてのプロジェクトを成功させるために、品質、コスト、納期を適切に管理
9	関係管理	・戦略的および戦術的なレベルで組織とその利害関係者間の関係性を確立 ・利害関係者との関係および利害関係者間の関係の特定、分析、監視、継続的改善
10	リスク管理	組織がリスクを理解し、効果的に処理することを保証するために、リスク管理のガバナンスの確立、リスクの特定・分析・対処などを実施
11	サービス財務管理	組織の財源と投資を効果的に利用するための財務計画と管理会計の実施
12	戦略管理	・組織の目標を策定し、それらの目標を達成するために必要な行動方針とリソースの割当てを実施 ・組織の方向性を確立し、優先順位の定義と環境に応じた一貫性またはガイダンスを提供

#	プラクティス名	プラクティスの概要
13	サプライヤ管理	高品質の製品とサービスのシームレスな提供を保証するために、組織のサプライヤとそのパフォーマンスを適切に管理（主要サプライヤとのより緊密で協力的な関係の構築、新しい価値の発見と実現、失敗のリスク軽減を含む）
14	要員およびタレント管理	組織目標を達成するために、適切なスキルと知識を備えた人材を確保（計画、採用、オンボーディング、学習と開発、業績測定、後継者育成など、組織の従業員や人材との連携を成功させることに焦点を当てた幅広い活動を対象）

・サービスマネジメント・プラクティス

サービスマネジメント、特にITサービスマネジメントの分野で培われてきたプラクティスです。

■ サービスマネジメント・プラクティス※2

#	プラクティス名	プラクティスの概要
15	可用性管理	サービスが顧客とユーザのニーズを満たすために、合意されたレベルの可用性を提供するための分析と改善、管理を実施
16	事業分析	事業の一部または全体を分析し、そのニーズを定義・解決するためのソリューションを推奨
17	キャパシティおよびパフォーマンス管理	サービスが合意された期待されるレベルのパフォーマンスを達成し、費用効果の高い方法で現在および将来の需要を満たすための管理
18	変更実現	成功するサービスと製品の変更の数を最大化するために、リスクが適切に評価されていることの確認、変更を続行することの承認、変更スケジュールの管理
19	インシデント管理	可能な限り早期に通常サービスに復旧させ、インシデントによるネガティブなインパクトを最小化
20	IT資産管理	組織を支援するために、すべてのIT資産のライフサイクル全体を計画および管理
21	モニタリングおよびイベント管理	サービスとサービス・コンポーネントを体系的に監視し、イベントの状態変化を記録および報告
22	問題管理	インシデントの可能性と影響を減らすため、根本的・潜在的な原因を特定し、回避策と既知のエラーを管理
23	リリース管理	新規および変更されたサービスと機能を使用できるよう管理

#	プラクティス名	プラクティスの概要
24	サービスカタログ管理	すべてのサービスとサービスの提供に関する一貫した情報の単一ソースを提供し、関係者が利用可能であることを保証
25	サービス構成管理	サービスの構成とそれらをサポートする構成アイテムに関する正確で信頼性の高い情報を、必要なときに必要な場所で確実に利用できるよう管理
26	サービス継続性管理	災害時にサービスの可用性とパフォーマンスを十分なレベルに維持するために、事業影響分析、計画作成と維持、テストの実施、発動時の対処などを実施
27	サービスデザイン	組織目的に目的達成のために、組織とそのエコシステムによって提供できる製品とサービスを設計
28	サービスデスク	インシデントの解決とサービスリクエストの需要を把握（すべてのユーザのサービス・プロバイダのエントリポイントと単一の連絡先）
29	サービスレベル管理	提供しているサービスが事業の目標に対して、適切に評価、監視、管理されるようにするため、サービスレベルの明確な目標を設定し、モニタリングと評価を実施
30	サービス要求管理	事前に定義・合意したサービス品質をサポートするために、サービス要求を効果的かつユーザフレンドリーな方法で実現
31	サービスの妥当性確認およびテスト	新規または変更された製品とサービスが定義された要件を満たしていることを確認するために、テストアプローチとモデルの管理、サービスの検証とテストを実施

・技術的マネジメント・プラクティス

ITサービスマネジメントにも含まれるものの、より技術的な分野で培われてきたプラクティスです。

■ 技術的マネジメント・プラクティス※3

#	プラクティス名	プラクティスの概要
32	展開管理	新しいまたは変更されたハードウェア、ソフトウェア、ドキュメント、プロセス、またはその他のコンポーネントを実際の環境に展開
33	インフラストラクチャおよびプラットフォーム管理	組織が使用するインフラストラクチャとプラットフォームを管理
34	ソフトウェア開発および管理	機能、信頼性、保守性、コンプライアンス、監査可能性の観点から、アプリケーションが内部および外部の利害関係者のニーズを確実に満たすよう管理

プラクティスガイドについて

34のプラクティスは、**プラクティスガイド**という形で電子コンテンツ（PDFファイル）として提供されています。プラクティスガイドはAXELOSの有料サブスクリプションサービスでのみ入手可能です。

プラクティスガイドは、すべてのプラクティスが同じ要素で構成されています。各項目で記載されている内容（概要）は、以下の通りです。

■ プラクティスガイドの目次（概要）※4

- **目的**
  そのプラクティスの目的や概要
- **キーとなるコンセプトや用語**
  プラクティスを理解（または定義）するにあたって、キーとなるコンセプトや用語の説明
- **スコープ**
  プラクティスの活動スコープの概要と、スコープ外の関連プラクティスの説明
- **プラクティスサクセスファクター（PSF）**
  プラクティスを成功させるために必須となる重要成功要因
- **主な測定指標（KPI）**
  プラクティスの価値実現を評価するための重要業績指標
- **バリューストリームとプロセス**
  プラクティスが貢献するバリューストリームとの関係性と、具体的なプロセスフロー
- **組織と人材**
  役割・責任とコアコンピテンシー（その優先度）、組織構造やチームについての推奨事項
- **情報と技術**
  プラクティスで活用する主要な情報と自動化およびツール。自動化の余地がある活動とその機能・効果
- **パートナとサプライヤ**
  プラクティスの実施に関するパートナ、サプライヤとの関係性

まとめ

- **プラクティスは、全体俯瞰的な観点で、漏れなくサービスマネジメントの設計を検討できる実践的なノウハウ集**
- **モジュール化により柔軟な設計が可能となり、VUCA時代に適応**
- **すべてのプラクティスを実践することよりも、目的達成に必須となるプラクティスから優先的に実践することが大事**

※4 Based upon AXELOS® ITIL® materials. Material is used under licence from AXELOS Limited. All rights reserved.

28 継続的改善とは

継続的改善は、利害関係者すべてが責任を持つべき重要な活動です。ITIL 4では様々な形で継続的改善が登場しますが、本節では継続的改善を進めるアプローチである「継続的改善モデル」について説明します。

すべての活動の中核となる継続的改善

継続的改善はITIL 4の様々な場面で登場します。SVSの「継続的改善」、サービスバリュー・チェーン（SVC）の「改善」、そしてプラクティスの「継続的改善プラクティス」です。これは、継続的改善をすべての活動の中核となる活動として重要視している証拠でもあります。

・SVSにおける「継続的改善」

SVSにおける「継続的改善」は、SVSが適用される組織全体の継続的改善を対象に、**継続的改善モデル**を紹介しています。対象が組織全体のため、改善活動全般に適用できる包括的なアプローチとなります。

・SVCにおける「改善」

SVCの改善は、製品またはサービスや、各組織で定義された一連の活動単位が対象となるため、日々の改善活動を推進するためのより実践的な活動を指します。ただしSVCは、価値を生み出す一連の流れをモデル化したものなので、具体的な説明までは記載されていません。

・プラクティスとしての「継続的改善プラクティス」

SVCの改善を実践するにあたり、具体的な実践アプローチを体系的に整理したものが、継続的改善プラクティスです。継続的改善プラクティスは、4つの側面から継続的改善に必要な要素を体系的に整理しています。詳細は、「38. 継続的改善」を参照ください。

■ ITIL 4における改善の種類※1

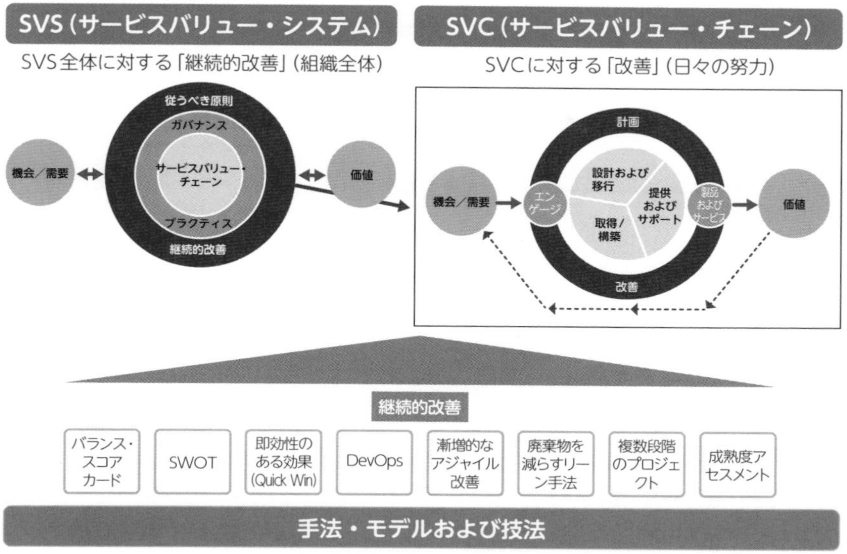

継続的改善モデルとは

継続的改善モデルは、あらゆる改善活動に活用できる包括的なアプローチです。ITIL v2ですでに登場していたこのモデルは、多少の更新はあるものの、長い年月を経ても価値が色褪せないモデルとして広く活用されています。

■ 継続的改善モデルで期待できる効果

- 組織のビジョン、ミッション、目標との整合性を保つことができ、経営およびマネジメント視点で活動の意義を認識できる
- 短期および中長期的な視点で、改善施策を検討することができ、費用対効果を考慮した実行可能なロードマップを描くことができる
- 成果を定量的、定性的に評価し、実績を評価するとともに、次のアクションにつなげることができるため、組織に学習と改善の好循環を生み出す

継続的改善モデルは、「1. ビジョンは何か？」「2. 我々はどこにいるのか？」「3. 我々はどこを目指すのか？」「4. どのようにして目標を達成するのか？」「5.

行動を起こす」「6. 我々は達成したのか？」「7. どのようにして推進力を維持するのか？」の7つのステップで構成されています。

■ 継続的改善モデルのステップ※2

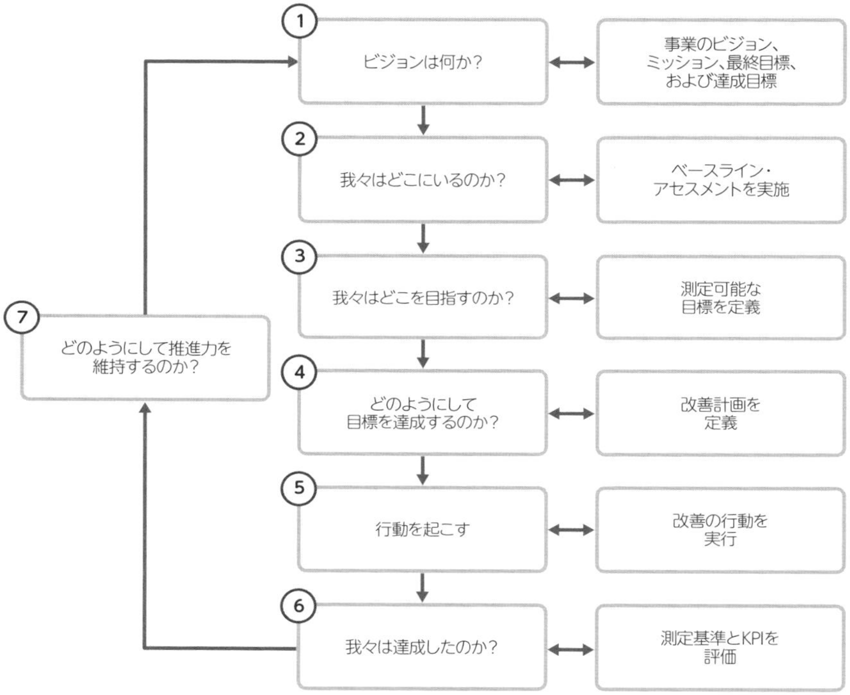

・ステップ1　ビジョンは何か？

ステップ1の目的は、**目指すビジョンと組織の最終目標・達成目標を理解した上で、本活動の意義を利害関係者間で合意すること**です。すべての改善活動は、組織の最終目標と達成目標を実現するために行われますが、その活動の重要性を当事者だけではなく、関係者に理解してもらう必要があります。本ステップを確実に実施することで、他関係者からの協力も得られやすくなり、今後のステップを円滑に進めることができます。

・ステップ2　我々はどこにいるのか？

ステップ2の目的は、**改善活動の開始点となる現状を正しく理解すること**です。十分な時間が割けないために、担当者の感覚のみに頼った現状理解に留まるケースも見受けられますが、現状の「何が問題なのか？」を正確に特定できなければ、改善活動が誤った方向に進んでしまいます。また、従うべき原則「現状からはじめる」（P.82参照）にもあるように、現状あるものを活用するためには、現在地を正確に把握する必要があります。

そこでITILでは、現状把握をより全体俯瞰的かつ客観的に実施するために、可能な限り**アセスメントの実施を推奨**しています。筆者が所属するアビームコンサルティングがアセスメントをご支援する際は、4つの側面とCMMIの成熟度モデルなどを活用することで、全体俯瞰的かつ客観的な評価を実施しています。

アセスメントの結果として例えば、「担当者間の役割分担が曖昧なため作業の重複や漏れが発生している（組織と人材）」「管理されている情報がサイロ化している（情報と技術）」「クラウドベンダとの契約内容が本来満たすべきサービスレベルに合致していない（パートナとサプライヤ）」「フローやルールが文書化されていない（バリューストリームとプロセス）」などの課題が明らかになってきます。

■ アセスメント評価の観点（4つの側面）

4つの側面と外部環境に焦点を当てて評価を実施

組織と人材	情報と技術	パートナとサプライヤ	バリューストリームとプロセス
・運用保守組織の体制 ・文化とマインドセット ・各業務の役割と実行責任 ・人のスキルセットと配置	・管理されている情報 ・ITSMツール（WF、ナレッジなどを含む） ・セキュリティとコンプライアンスの要件 ・新技術の活用（クラウドなど）	・ソーシングパートナやクラウドなどの契約内容（SLA、契約条件など） ・リレーションシップ	・プロセスフロー ・ルールやガイドライン ・各種文書や手順書 ・各プロセス間の関係性

外的要因

・国や地域に依存した制約、業界特有の法的な制約、市場全体の経済状況やテクノロジートレンドなど（特段考慮が必須なものがあれば）

■ アセスメント評価の手法（成熟度モデル）

4つの側面でCMMI（Capability Maturity Model Integration）をベースにした5段階評価

レベル	タイトル	概要説明
5	**継続的改善**	・目標達成のために、標準として定義された活動が実施され、その成果を測定し、改善活動を継続的に実施できているレベル
4	**測定されている**	・目標達成のために、標準として定義された活動が実施され、その成果を測定できているレベル（KPIが設定され、データの可視化・モニタリングが可能なレベル）
3	**標準化されている**	・目標達成のために、活動が明確に定義（体系化・文書化）されているレベル
2	**管理されている**	・活動は実施されているが明確な定義はなく、属人的で場当たりになっているレベル
1	**初期段階**	・活動を一部実施しているが、その活動を完了できていないレベル

・ステップ3　我々はどこを目指すのか？

ステップ3の目的は、**組織の最終目標、達成目標を実現するために、短期的、中長期的な目標を設定すること**です。最終的な目標をすぐに達成するのは現実的には難しいため、時間軸を意識した目標設定が重要となります。

ITILでは、目標達成に向けて、**重要成功要因（CSF）**および**重要業績評価指標（KPI）**を定義することを推奨しています。CSFは、「目標達成に必要な要素を分解したもの」、KPIは「分解された要素を測定するための指標」を表します。また、短期、中長期というような全体俯瞰的なロードマップを策定し、最終的に目標達成に向かう絵姿を示します。

短期目標を設定する際は、従うべき原則の「フィードバックをもとに反復して進化する」（P.84参照）が役に立ちます。短期的な目標をより細かく設定することによって、継続的改善サイクルの反復サイクルを短縮化することができます。実務においても改善活動の推進力を高めるために、比較的達成が容易で早期に効果を創出できる目標を、短期目標として設定をする場合があります。これを**クイックウィン（Quick Win）**と呼びます。

■ CSFとKPIの関係

KGIおよびCSFとの関連性が強いKPIを設定することが重要
KPIは継続的改善の中でも見直しを行う必要がある

達成目標（KGI）
Key Goal Indicator

↓

重要成功要因（CSF）
Critical Success Factor
目標達成に必要な要素を分解したもの

↓

重要業績評価指標（KPI）
Key Performance Indicator
分解された要素を測定するための指標

↓

指標に対する測定値

例として、「ユーザサポートの満足度を向上させる」というKGIに対する、CSFとKPIを紹介します。実際には、これらの目標およびKPIに対して、問い合わせ解決率が90%以上、一次解決率が80%以上、平均回答時間が4時間以内など定量的な目標値が設定されます。なお、KPIを定義する際には、どのようにしてその達成度合いを評価するかの具体的な方法まで合わせて検討することも忘れないでください。

■ CSFとKPIの設定例（KGIがユーザサポートの満足度向上の場合）

KGI	CSF	KPI	測定内容
ユーザサポート（ユーザ体験）満足度向上	問い合わせ解決率の向上	問い合わせ解決率	・問い合わせ回数にかかわらず、問い合わせ数に対して最終的に解決できた案件の比率
		ワンコール解決率	・1案件としての問い合わせで解決した案件の比率（関連部門への転送やコールバックなどの再度の連絡を含む）
		一次解決率	・顧客からの1回のコンタクトで解決した案件の比率（関連部門への転送やコールバックがない）
	問い合わせ回答時間の短縮	平均回答時間	・初回受付から回答までの平均所要時間
		チャット再オープン率	・解決したつもりでいたが、解決できていなかった問い合わせの比率
	一次応答時間の短縮	平均一次応答時間	・初回受付後、一次応答を行うまでの平均所要時間
	応答率の向上	応答率	・問い合わせに対して、応答した件数の割合

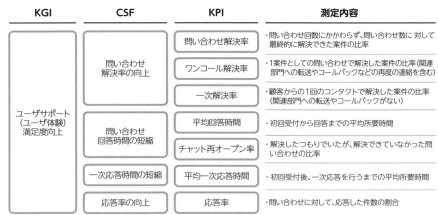

・ステップ4　どのようにして目標を達成するのか？

ステップ4の目的は、**改善施策を実施するアプローチを具体化し、実行可能な状態にすること**です。改善施策によって、アプローチは様々です。具体的な実行計画（スケジュール、コスト、役割分担、タスクなど）を整理し、利害関係者と合意しましょう。

昨今では、より俊敏に柔軟性をもって改善を推進することが求められています。組織にとってチャレンジとなる施策であれば、PoCなどで実証実験を行った上で、施策を実行するなどのアプローチも増えてきており、各サービスの特性に応じて選択することが重要となります。

なお、PoCとはProof of Conceptの略で、日本語では「概念実証」と訳されます。新しい手法などの実現可能性を見出すために、サービス開発に入る前の検証作業を指す言葉です。

・ステップ5　行動を起こす

ステップ5の目的は、**求められる成果を実現すること**です。ステップ4まで具体化した計画に従って、成果を実現するために行動を起こします。行動する過程においては、進捗管理やリスク管理などのプロジェクト管理の観点で、品質・コスト・納期などを管理します。また、変更実現やリリース管理、展開管理といったプロセスを通じて、ITサービスに対する変更を実施するなど、改善施策に応じた行動を実行していきます。

・ステップ6　我々は達成したのか？

ステップ6の目的は、**計画と実績を比較し、成果が実現できたことを検証すること**です。改善活動を実行したからと言って、想定していた成果が実現できるとは限りません。現実的には、実行する中で様々な障壁があり、成果が未達成、もしくは達成のために追加の行動が必要になる場合もあります。これらの検証を行うことにより、次の改善へとつながる教訓を得ることができます。

実績を評価する方法として、例えば週次または月次報告書という形で、サービス・プロバイダが顧客に対して実績報告をするケースもあれば、ダッシュボードなどのITSMツールを活用し、リアルタイムで達成度合いを可視化する方法もあります。

・**ステップ7　どのようにして推進力を維持するのか？**

ステップ7の目的は、**利害関係者に成果を報告し、組織への定着化を図るためのコミュニケーションを行うこと**です。改善活動の成果について、組織の利害関係者へ報告し、さらなる改善活動へつなげるための宣伝活動を行います。その一方で、改善活動により変化した行動が元の状態に戻らないよう、定着化するためのコミュニケーションとサポートを提供します。

また、残念ながら成果が達成できなかった場合も、教訓を利害関係者へ共有し、次の活動では何を改善するのか、具体的な改善計画を説明します。このように、どのような結果になったとしても説明責任を果たすことで、透明性を確保し、将来の改善支援を得られる関係性を構築します。

このステップが疎かになってしまうと、単発の改善活動として終わってしまい、一度改善を実施したにも関わらず定着せず、元の状態に戻ってしまう場合もあります。特に、改善が成功した場合は、その結果に満足して活動を終了してしまいがちです。組織として改善活動に取り組むマインドセットと文化を醸成するためにも、このステップは意識して取り組んでいきましょう。

■ 活動結果の報告

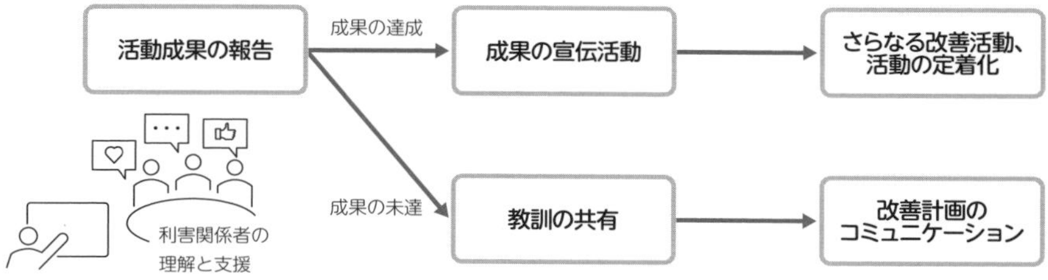

まとめ

- **継続的改善は、すべての活動の中核となり、SVS、SVC、プラクティスにそれぞれ定義されている**
- **継続的改善モデルは、様々な改善施策を推進可能な包括的アプローチ**

COLUMN 役割分担を整理するITサービス・オペレーティングモデル

ITサービス・オペレーティングモデルは、サービス消費者に対して、各登場人物（もしくは部門）がどの役割を主に担っているのかを、ITIL 4のプラクティスをベースに整理したものです。主体となる部門またはチームの役割を示しており、全体俯瞰的に整理した鳥観図（概要図）になっています（詳細は、別途業務一覧などで整理が必要）。この鳥観図があることで、IT組織全体としてそれぞれの役割を、1枚の図で認識合わせできます。また、アウトソーシングを活用する領域を識別するなど、ソーシング戦略を検討する際にも活用されます。

もし皆さんのIT組織全体の役割が可視化されていないようでしたら、まず下記のITサービス・オペレーティングモデルを参考に、現状整理から始めてみてはいかがでしょうか。

■ITサービス・オペレーティングモデルの例

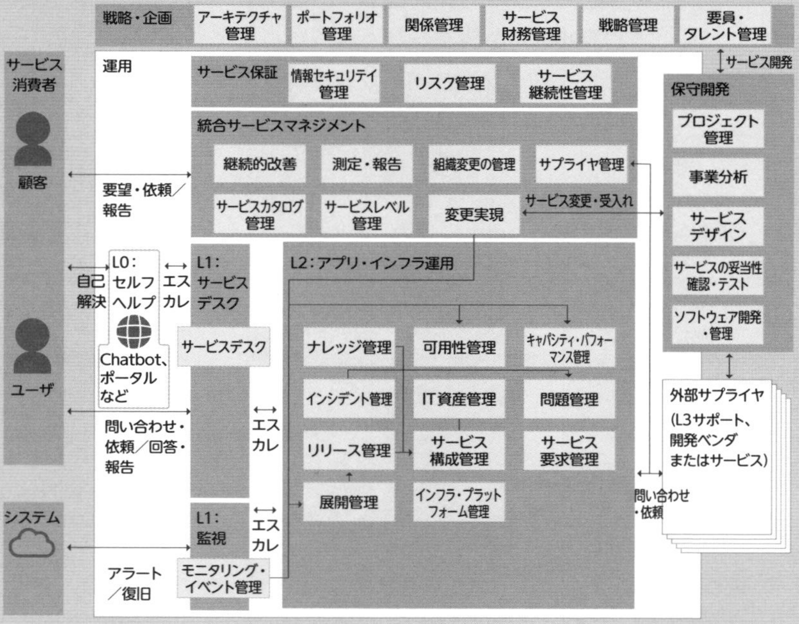

※ITIL 4では、全体像として、4つの側面、SVS、SVCなどの概念が定義されていますが、今回ご紹介したような役割レベルにまで具体化した図は紹介されていません。これは、1つのモデルを提示してしまうと、ITIL 4が大切にしている柔軟性を損なうリスクがあるからだと筆者は考えています。ただ、ゼロから考えるのは大変だと思いますので、あくまで参考例としてご活用ください。

5章

バリューストリーム ユーザサポート業務

前章まで、ITサービスマネジメントとITILのコンセプトを説明してきました。ここからは、コンセプトを受けて、ITILを実践で活用するための方法を紹介していきます。本章では、バリューストリームの1つであるユーザサポート業務と、その実践で参考になるプラクティスについて学びましょう。

29 バリューストリームの活用 (VSM)

本節では、ユーザサポート業務のバリューストリームの説明に入る前に、バリューストリームを活用した改善活動を進める手法であるバリューストリームマッピング(VSM) について説明します。

ITIL 4実践のアプローチとは (バリューストリーム)

ITIL 4では、サービスマネジメントを実践する主要なアプローチとして、**バリューストリーム**と**カスタマー・ジャーニー**を紹介しています。カスタマー・ジャーニーについては7章で解説するため、ここでは本章と次章のテーマである、バリューストリームに絞って説明します。

P.67で説明した通り、バリューストリームは、**組織が顧客に価値を提供するために取り組む一連のステップ**です。バリューストリームを可視化することによって、顧客が受け取る価値とサービス・プロバイダが提供する活動の妥当性を評価することが可能です。

■ ITIL 4実践のアプローチ※1

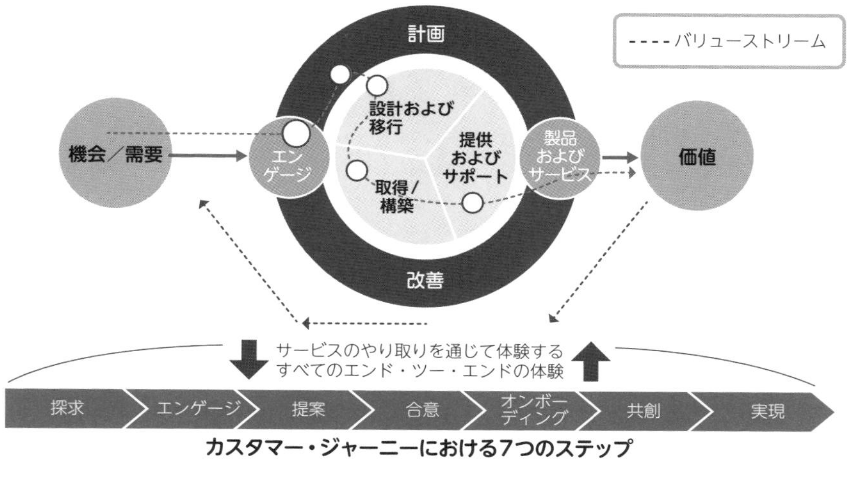

※1　Based upon AXELOS® ITIL ® materials. Material is used under licence from AXELOS Limited. All rights reserved.

本書では、ITIL 4の中で主要なバリューストリームとして紹介されている「ユーザサポート業務」「新サービス導入」を取り上げますが、他にも以下のようなバリューストリームがあります。

■ バリューストリームの例

No	主なバリューストリームの例	本書の対象
1	ユーザサポート業務	○ (5章)
2	新サービス導入	○ (6章)
3	サービス戦略の立案	
4	サービスリクエスト対応	
5	顧客およびユーザからのフィードバック対応	
6	新入社員や中途社員の入社手続き	
7	PCやその他IT機器のライフサイクル管理	

バリューストリームマッピング（VSM）とは

バリューストリームによる評価・分析を行う具体的な手法として、バリューストリームマッピング（以下、VSM）があります。

VSMとは、**組織がプロセス全体を可視化・改善し、付加価値のあるステップと無駄なステップの特定を支援することを目的とした手法**です。VSMを採用するメリットとしては、次のようなものがあります。

■ VSM採用のメリット

- **顧客満足度の向上**
  →顧客に対する価値に焦点を当てることで、顧客の期待値を満たすプロセスへと改善できる
- **情報の分断を打破**
  →利害関係者が共通の情報を把握することで、個別の業務目線だけでなく、全体俯瞰的に課題を認識できる
- **共通認識の醸成**
  →業務に関わる全員が一堂に会して実施することで、迅速に共通認識の醸成・意思決定ができる

・VSMのステップ

VSMは、「1. 対応するバリューストリームの問題を特定」「2. バリューストリームのスコープを設定」「3. プロセスのリストアップおよび現状の可視化」「4. 現状の分析・評価」「5. 改善案の洗い出しと改善後のタイムライン作成」「6. 改善案の優先順位付け」の6つのステップで構成されています。

■ VSMのステップ

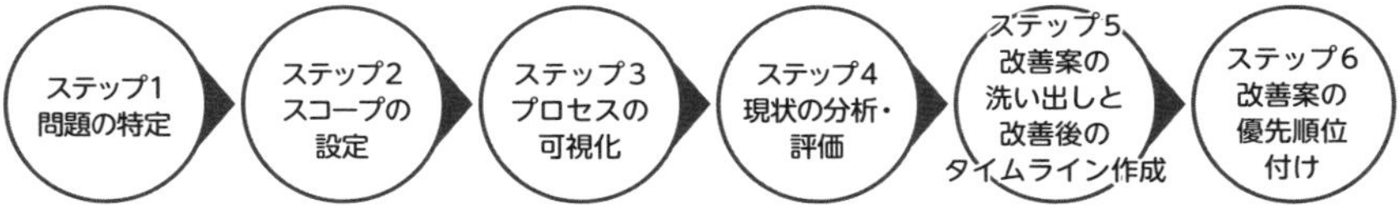

・ステップ1　対応すべきバリューストリームの問題を特定

顧客の懸念・要望・ニーズを把握し、どこに問題があるかを、関連データや分析により特定します。顧客が感じる価値を制限している可能性のある問題を、顧客視点で特定することが重要です。問題点の例として、以下のようなケースが考えられます。

■ バリューストリームの問題点の例

- 顧客はより迅速なサービス開発および導入を求めているが、システム導入期間が長期化
- システム導入に関わる事業部門とIT部門の人材不足もあり、より効率的に業務を進めていく必要性に迫られている

・ステップ2　バリューストリームのスコープを設定

分析・評価対象とするバリューストリームのスコープを設定します。VSMは必ずしも組織全体をスコープとする必要はなく、価値を起点に考えた場合に、最も重要な領域に焦点を絞るケースもあります。ステップ1の問題の場合は、システム導入をバリューストリームと捉える必要があり、例えば、A部門が担う企画からリリースまでのプロセスがスコープとなります。

・ステップ3　プロセスのリストアップおよび現状の可視化

バリューストリームを構成するプロセスをリストアップします。また、各活

動に要するサイクルタイム、待機時間、リードタイムなど、定量的な現状の活動状況を可視化します。

■ VSMにおけるプロセスの考え方※2

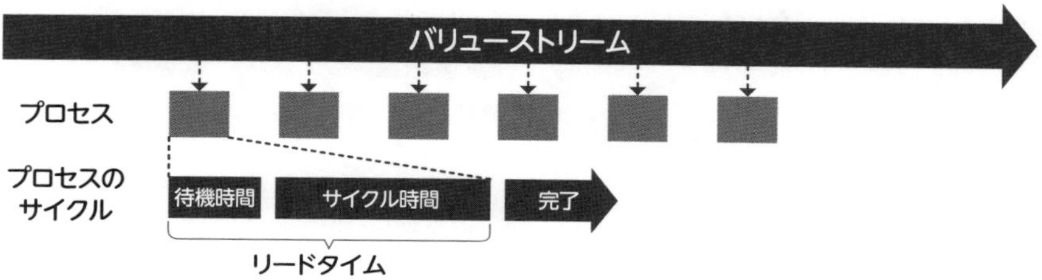

■ 作業の測定基準※3

用語	説明
サイクル時間	個別の作業単位を完了し、インプットからアウトプットに変換するために必要な時間。例えば、新しいインシデント・フォームに入力するのに5分かかる場合は、サイクル時間は5分
待機時間	作業開始前に、個別の作業単位がキューで待機する時間。例えば、インシデント・チケットに対する作業が開始されるまでの（平均）待機時間が4時間の場合、待機時間は4時間
リードタイム	サイクル時間と待機時間の合計。個別の作業単位がプロセス・キューに入ってから、プロセスが終了するまでに必要な時間
プロセス・キュー	プロセスによって処理されること待っている個別の作業単位の数
進行中の作業（WIP）	処理が開始されたが、まだ完了していない個別の作業単位の数
スループット	一定時間内で処理される処理量

・ステップ4　現状の分析・評価

プロセスの各活動について、無駄が発生していないか、過剰なプロセスや機能はないか、より価値を高められる活動はないかなどの観点で分析・評価します。

例えば、無駄の1つに「運搬」があります。ITサービスにおける運搬には、オペレーター間でのチケットのやり取りや、ユーザが使うデバイス機器が異なることで発生する移動などが含まれます。

■ 無駄の種類※4

無駄の種類	ITサービス運用におけるムダの例
運搬	オペレーター間のチケット移動、ユーザ間のデバイス移動
在庫	チケット、アラート、リクエストの待ち行列
動作	複数の画面、または現場にまたがって行われる、同じ情報の複数回入力
加工	承認とコントロールの過多、意思決定がタイムリーでないことによるプロセスフローの制約
作りすぎ	合意された時間より前に提供することや、合意内容以上のサービスを提供すること
不良品の作成	チケットについて、間違いや誤解があること、あるいは不完全であること
未使用のスキルまたは才能	従業員に与えられる裁量と責任の過小。単純作業に従事する熟練従業員や、必要スキルを有せずタスクに取り組む従業員

・ステップ5　改善点の洗い出しと改善後のタイムライン作成

無駄がなく、価値のみを生み出す理想的なバリューストリームマップを作成するため、改善点とリードタイムを整理します。改善施策を漏れなく洗い出すために、以下のような観点で、施策の洗い出し、具体化を進めていきます。

■ 改善施策検討の観点

<table>
<tr><th colspan="3">目的</th><th>施策抽出の観点</th><th>説明</th></tr>
<tr><td rowspan="6">最適化</td><td rowspan="5">合理化</td><td rowspan="4">工数削減</td><td>簡素化</td><td>業務が複雑化している部分を分解し、価値を生み出さない業務を削減することで簡素化する</td></tr>
<tr><td>自動化</td><td>手作業で時間を要している作業や、標準化された作業について、ITSMやRPAツールを活用して自動化する</td></tr>
<tr><td>標準化</td><td>業務の品質と効率を高めるために、属人化した業務をITSMベストプラクティスを基に標準化する</td></tr>
<tr><td>統合</td><td>組織横断的な共通業務については各部門や個別チームで対応せず、統合した対応によって効率的にナレッジやスキルを活用する</td></tr>
<tr><td>工数の偏りをなくす</td><td>平準化</td><td>特定要因への負担集中や、時期的変動の影響を最小化するため、役割分担・プロセスを見直し、平準化を図る</td></tr>
<tr><td colspan="2">コスト低減</td><td>外注</td><td>定型的な運用保守業務を外部へ移管し、運用コストの低減と社員の業務シフトを図る(役割分担の最適化)</td></tr>
<tr><td colspan="3">付加価値の向上</td><td>新規対応</td><td>新たな目的・ゴールの実現に向けて必須となる業務や機能を追加することで、新たな価値(付加価値)を提供する</td></tr>
</table>

・ステップ6　改善案の優先順位付け

改善案の優先順位を決定します。優先順位は、以下のような評価軸などの組み合わせから決定します。

※4　Based upon AXELOS® ITIL ® materials. Material is used under licence from AXELOS Limited. All rights reserved.

■ 評価軸の例

- **重要性**
  →目標達成度や組織戦略との整合性
- **実現可能性**
  →改善施策を実行するために必要なリソース、能力、時間
- **費用対効果**
  →改善施策を実行するために必要な費用と、得られる効果や利益
- **緊急度**
  →改善施策の緊急性や時間制約

■ 改善施策の例

改善施策（例）	評価（High：3，Middle：2，Low：1）			
	重要性	実現可能性	費用対効果	総合評価
アジャイル開発による開発期間の短縮化	3	3	3	9
クラウド利用によるインフラ調達期間の短縮化	2	2	2	6
内部開発による要件定義および開発期間の短縮化	1	2	2	5
テスト自動化による展開期間の短縮化	3	1	1	5

上記のアプローチでVSMを実施することにより、顧客へ価値を提供するまでのスピード、品質、コストを改善することができます。

次の節からは、バリューストリームの例であるユーザサポートについて、その活動と参考となるプラクティスを説明していきます。

まとめ

- **バリューストリームを活用することで、顧客への価値を起点に最適なプロセスを設計することが可能**
- **顧客へ価値を提供するまでのスピード・品質・コストを最適化する手法としてVSMが有効**

30 ユーザサポート業務とは

本節では、バリューストリームの1つであるユーザサポート業務について、各活動の概要を説明します。ユーザサポート業務を通して、各プラクティスがどのように活用されるか、その関係性についても触れていきます。

ユーザサポート業務とは

ユーザサポート業務は、ユーザからの問い合わせ受付から始まり、ユーザのフィードバックを受けて、改善点を明らかにするまでの一連の活動を指します。

■ユーザサポート業務の流れとSVC※1

#	活動のステップ	SVCのステップ
①	ユーザ問い合わせの認識と登録	エンゲージ
②	問い合わせ内容の調査、再分類と修正	提供およびサポート
③	スペシャリスト・チームからの修正方法の取得	取得／構築
④	修正方法の展開	設計および移行
⑤	問い合わせが解決されたことの確認	提供およびサポート
⑥	ユーザからのフィードバック要求	エンゲージ
⑦	改善機会の特定	改善

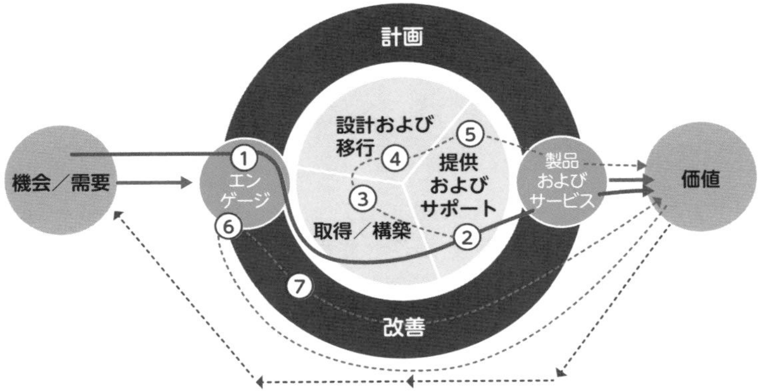

※1　Based upon AXELOS® ITIL ® materials. Material is used under licence from AXELOS Limited. All rights reserved.

ユーザサポート業務に関連するプラクティス

では、これらの活動に各プラクティスがどのように関連するかを見ていきましょう（関連する主要プラクティスを［］で記載）。なお、関連するプラクティスはあくまで参考例です。実務で適用する際には、組織にとって最適な形でカスタマイズすることが重要となります。

① ユーザ問い合わせの認識と登録

＜プラクティス＞［サービスデスク（P.134）］［サービスカタログ管理（P.140）］

サービスデスクとして問い合わせ窓口を設置し、ユーザからの問い合わせを電話やメール、ポータルなどで受付け、内容の詳細を記録・理解します。

② 問い合わせ内容の調査、再分類と修正

＜プラクティス＞［ナレッジ管理（P.156）］［モニタリングおよびイベント管理（P.166）］

問い合わせ内容を調査し、解決できない場合は、誰に対応を依頼するか分類します。その際、これまで同様の問い合わせがないか既存のナレッジを検索し、ユーザに回答することで、迅速に解決することができます。

また、ユーザからの問い合わせ以外にも、システムからアラートを検知した場合、エラー内容を分類し自動復旧を試みます。

③ スペシャリスト・チームからの修正方法の取得

＜プラクティス＞［インシデント管理（P.144）］

サービスデスクは、スペシャリスト・チームに問い合わせするか、もしくはエスカレーションして対処を依頼します。ユーザへの影響が低い問い合わせ内容であれば、スペシャリスト・チームへ問い合わせを実施します。また、業務停止など重大な障害が発生している状況であれば、オーナシップをスペシャリスト・チームへ渡し、緊急対応のプロセスに従って利害関係者を巻き込んだ対応を開始します。

④ 修正方法の展開

<プラクティス>［サービスデスク（P.134）］

サービスデスクは、修正方法をユーザに回答します。例えば、機器の交換、ソフトウェアパッチをインストールするためのリモート対応などを行います。内容によっては、スペシャリスト・チームから直接回答する場合もあります。

⑤ 問い合わせが解決されたことの確認

<プラクティス>［サービスレベル管理（P.160）］

ユーザに対して、問い合わせ内容が解決したことを確認するステップです。ユーザに寄り添った対応ができたかどうか、そしてユーザが本当に求める価値を提供できたのかを確認するためには、ユーザと合意した目標値について理解している必要があります。

⑥ ユーザからのフィードバック要求

<プラクティス>［継続的改善（P.172）］

ユーザからのフィードバックを、アンケート調査やヒアリングなどで取得します。取得したフィードバックは、分析・報告できるように、一元化された手法と格納場所で管理します。

⑦ 改善の機会の特定

<プラクティス>［問題管理（P.150）］

他の情報（過去の類似データなど）も含めて原因調査・分析を実施し、特定された改善機会を記録します。その後、改善施策を検討し、改善を実行する活動として引き継がれていきます。

各プラクティスの構成および用語説明

各プラクティスの構成と、最低限理解が必要となる用語について説明します。本書の各プラクティスの内容は、以下で構成されています。

・目的

プラクティスの目的と、基本的な用語を説明します。また、よくある事象や解決アプローチについて、事例を交えながら説明します。

・重要成功要因（PSF）および関連KPI

プラクティスの目標達成に必要な要素と、その要素を測定するための指標を説明します。

PSF（Practice Success Factor）は、「目標達成に必要な要素を分解したもの」です。一般的には、CSF（Critical Success Factor）と言われる場合が多いですが、プラクティスにおける成功要素という意味で、ITILではPSFという表現を使っています。

KPI（Key Performance Indicator）は、「分解された要素を測定するための指標」を表します。PSFは「成功するためには何が必要か」を示しているのに対し、KPIは「その成功をどうすれば測定できるか」を示していると理解すればよいでしょう。

・プロセス

プラクティスで定義されているフローと活動を説明します。各フローは、実践する際のテンプレートやベースラインとして活用することができます。

まとめ

- ユーザサポート業務は、様々なプラクティスを参照し設計される
- バリューストリームは、各組織で最適な形にカスタマイズすることが重要

31 サービスデスク

サービスデスクは、ユーザへの単一窓口として、ユーザと効果的・効率的なコミュニケーションを実施することで、サービス・プロバイダに対する満足度の向上に貢献します。

サービスデスクの目的

サービスデスクは、**インシデントの解決とサービス要求の需要把握を行うこと**を目的とします。また、**すべてのユーザとサービス・プロバイダ間の接点、および単一の連絡先（単一窓口）**となります。ユーザから見るとサービス・プロバイダの代表者となるため、サービスデスクのスタッフには、「ユーザが本当に知りたいことは何か」を理解・予測し、ユーザの気持ちに寄り添う能力が求められます。この能力を、ITILでは**サービスの共感（service empathy）**と言います。

例えば、ユーザから「プリンタが故障したので、修理してほしい」と依頼があった場合を考えてみましょう。ユーザは「すぐに印刷できないと、1時間後の会議に間に合わない」という状況です。この状況で、サービスデスクは、ユーザの状況を理解しながら対策を検討します。ユーザがやりたいことは印刷なので、プリンタの修理は依頼しつつ、別プリンタで印刷し、印刷物を届けるという対策を提案しました。結果、ユーザは会議を無事乗り切ることができ、サービスデスクの対応に大変満足しました。

上記の例のような、ユーザの期待値に応える素晴らしいエピソードを、ITILでは**真実の瞬間（moment of truth）**と呼びます。このようなコミュニケーションの積み重ねが、ユーザとサービス・プロバイダ間の信頼関係の基礎となるのです。

重要成功要因（PSF）および関連KPI

サービスデスクは、**何か困ったことやお願いしたいことが発生したときに、ユーザがサポートを得られないという状態を回避するプラクティス**と言えます。ただし、無尽蔵にリソースを利用できるわけではないため、ユーザの満足度向上と効率性のバランスを取る必要があります。

サービスデスクの目的を達成するための重要成功要因（PSF）は、以下の2つです。

・サービス・プロバイダとそのユーザ間の効果的、効率的、かつ便利なコミュニケーションを可能にし、継続的に改善する

ユーザのニーズは、地域、時間帯、言語、アクセス性の要件などに応じて変わります。効率的、効果的、かつ便利なコミュニケーションを実現するためには、ユーザと顧客のニーズに合ったチャネル（マルチチャネル）を提供することが重要です。

コミュニケーションチャネルには、モバイルアプリケーション、Webポータル、電話、SNS、チャットボット、ウォークイン（直接対面で会話）などがあります。これらのチャネル間で情報を連携し、一貫性のないコミュニケーションにならないように注意しましょう。このように、チャネル間で情報を共有し、コミュニケーションのユーザ体験を高めることを、**オムニチャネルコミュニケーション**と言います。

■オムニチャネルコミュニケーションの例※1

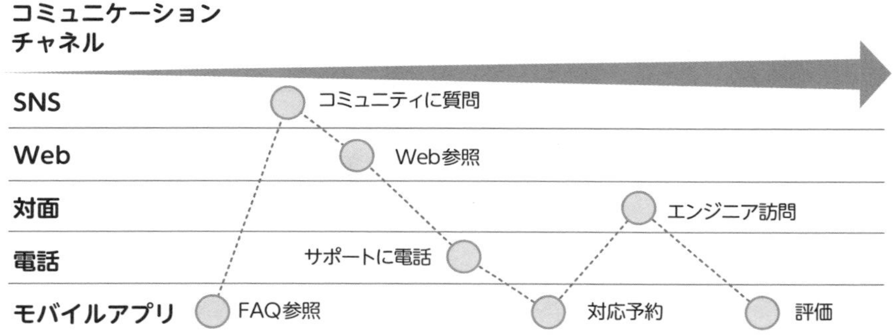

※1 Based upon AXELOS® ITIL ® materials. Material is used under licence from AXELOS Limited. All rights reserved.

・ユーザコミュニケーションをバリューストリームに効果的に統合できるようにする

サービスデスクは、ユーザからの単一窓口として、サービス・プロバイダとユーザ間の双方向コミュニケーションの橋渡しをする重要なプラクティスです。よって、サービスデスクは、相談、インシデント、サービス要求、苦情、称賛を含む、すべてのユーザ問い合わせの効果的な分類、エスカレーションを実施し、他プラクティスおよび利害関係者と連携しながら価値を実現する必要があります。

■ サービスデスクのPSFとKPI※2

PSF	KPI
サービス・プロバイダとそのユーザ間の効果的、効率的、かつ便利なコミュニケーションを可能にし、継続的に改善する	・合意された情報品質基準に照らして測定された、サービスデスクチャネルを介して受信した情報の品質 ・合意された利便性基準に照らして測定された、デービスデスクのコミュニケーションチャネルとインタフェースの利便性
ユーザコミュニケーションをバリューストリームに効果的に統合できるようにする	・バリューストリームの要件に照らして測定された、サービスデスクのチャネルを介して受信した情報の品質 ・サービスデスクチャネルを介して伝達される情報を使用した、主要な利害関係者の満足度 ・ユーザ問い合わせの誤ったトリアージの数と割合

プロセス① ユーザ問い合わせのハンドリング

サービスデスクの主なプロセスは、「ユーザ問い合わせのハンドリング」「ユーザとのコミュニケーション」「サービスデスクの最適化」の3つです。

「ユーザ問い合わせのハンドリング」は、**ユーザからの問い合わせを受け付け、内容を検証し、適切な分類と優先順位付けを行う活動**です。以下、フローを順に確認していきます。

■「ユーザ問い合わせのハンドリング」のフロー※3

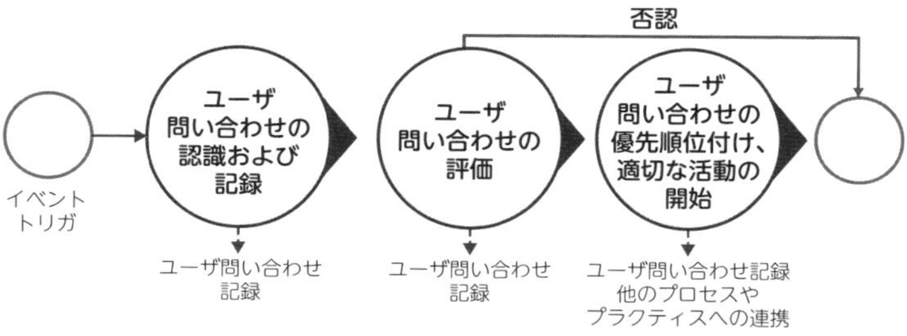

1. ユーザ問い合わせの認識および記録
　事前に確認する項目をリスト化しておき、ユーザからの問い合わせを受けて情報を漏れなく記録します。Webポータルから受け付ける場合は、画面で必要な項目を入力できるように画面設計します。より効率化を図るために、自動音声応答（IVR）などのセルフサービスの仕組みを導入する場合もあります。

2. ユーザ問い合わせの評価
　記録した内容が正しいか、また不足がないかを評価します。問い合わせがあったユーザの本人確認や、サービス利用資格があるかの確認などを合わせて実施します。事前確認はセルフサービスとして自動化することも可能です。

3. ユーザ問い合わせの優先順位付け、適切な活動の開始
　評価済みの問い合わせについて、重要度、緊急度を、あらかじめ決められたルールに従って分類し、適切な対応者に対応を依頼します。ただし、サービスデスク内で解決可能な場合もあるため、対応者に依頼する前にナレッジから活用できる解決策がないかを確認しておきましょう。本活動はルールに従った処理であるため、自動化により効率的に担当者へ対応を依頼することが可能です。

プロセス②　ユーザとのコミュニケーション

「ユーザとのコミュニケーション」は、**さまざまなタイプの情報を、適切なチャネルを介してユーザに確実に伝達する活動**です。

■「ユーザとのコミュニケーション」のフロー※4

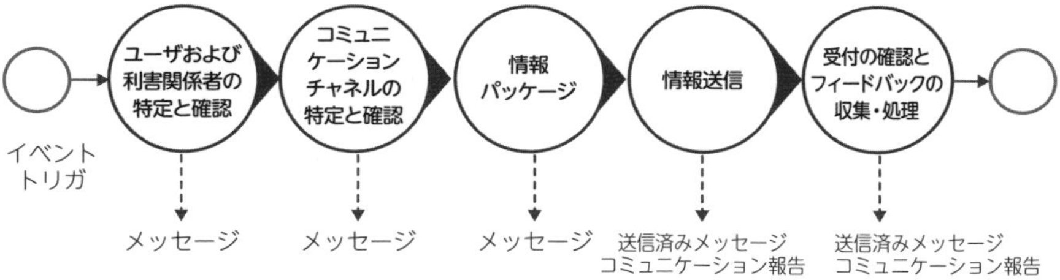

1. ユーザおよび利害関係者の特定と確認
　ターゲットとなる対象を特定します。ユーザとは具体的に誰なのかを明らかにしましょう。問い合わせ内容によっては、利害関係者やサービス・プロバイダ側のスタッフなど、複数の担当者にコミュニケーションが必要な場合もあります。

※4　Based upon AXELOS® ITIL® materials. Material is used under licence from AXELOS Limited. All rights reserved.

2. コミュニケーションチャネルの特定と確認

ターゲットとのコミュニケーションチャネルを特定します。SLA（P.160参照）などで定義されている場合は、その定義に従います。サービスデスクで特定する場合は、ターゲットにとって最適なコミュニケーションチャネルを利用します。例えば、普段インターネットやモバイル端末を利用しないユーザがターゲットであれば、電話や郵送など紙ベースの情報伝達を利用します。一方で、デジタル活用が当たり前の世代がターゲットであれば、モバイルアプリやSNSなどを活用します。

3. 情報パッケージ

情報発信する際のテンプレートを定義します。テンプレート作成の際には、ターゲットとなるユーザ目線でわかりやすい情報となっていることが重要です。例えば、ターゲットがシステム担当者であれば「XXサーバは土曜日の夜にコアパッチを適用するためにダウンします」でよいかもしれませんが、ユーザ目線で考えると「今週末、システムの改善に取り組みます。土曜日の午後6時から日曜日の午後12時までウェブバンキングはご利用いただけません」と伝えた方がわかりやすいでしょう。

4. 情報送信

ターゲットに対して、特定したチャネルとテンプレートで情報を送信します。

5. 受付の確認とフィードバックの収集・処理

ターゲットが情報を受け取ったことを確認し、その結果に対するフィードバックを収集し、継続的改善のインプットとします。

プロセス③　サービスデスクの最適化

「サービスデスクの最適化」では、**ユーザコミュニケーションの管理から得られる教訓を確実に学習することで、継続的に改善を実施**します。

■「サービスデスクの最適化」のフロー※5

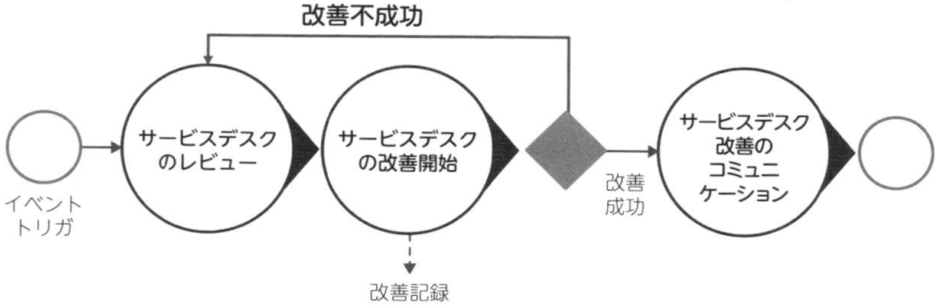

1. サービスデスクのレビュー

サービスデスクチームのマネージャーが、他の関連する利害関係者とともに、サービスデスクのパフォーマンスについてレビューを実行します。この活動によって、本プラクティスの改善点を特定します。

2. サービスデスクの改善開始

同じくサービスデスクチームのマネージャーが、継続的な改善活動に関与します。具体的には、改善活動をタスクとして継続的改善一覧に登録し、必要に応じて変更要求を開始します。

3. サービスデスク改善のコミュニケーション

サービスデスクの改善が正常に完了すると、この事実が関連する利害関係者に通知されます。この通知も通常は、サービスデスクマネージャーがコミュニケーションプロセスを通じて行います。

まとめ

- **サービスデスクは、インシデントの解決とサービス要求の需要把握が目的**
- **すべてのユーザとサービス・プロバイダ間の接点および単一窓口となり、ユーザ体験価値を高めることが重要**

32 サービスカタログ管理

サービスカタログ管理は、すべてのサービスとサービス提供に関する一貫した情報を一元管理するプラクティスです。サービス消費者が利用できるサービスの情報を大まかに理解し、サービスを利用できる仕組みを提供します。

サービスカタログ管理の目的

サービスカタログ管理は、**すべてのサービスとサービス提供に関する一貫した情報を一元管理し、その情報を関連する対象者が利用できるようにすること**を目的とします。

サービスカタログとは、現在利用可能なサービスを一覧化したもので、文書、オンライン・ポータル、ツールなど、様々な形で作成します。

サービスカタログは、様々な利用者が欲しい情報を提供できるよう、柔軟に内容や見せ方を変える必要があります。例えば、ユーザ向けには、サービス・プロバイダに依頼可能なサービスに関する情報や、依頼するにあたっての前提事項などを提供します。顧客向けには、サービスレベル、課金コスト、サービスパフォーマンスに関する情報を提供し、IT部門向けには、サービス提供時に使用される技術、セキュリティ、プロセスなどの情報を提供します。

このようなサービスカタログを、継続的に最新化して提供するのが、サービスカタログ管理です。これによって、サービス消費者が、利用できるサービスやその詳細を簡単に理解し、利用することが可能となります。

重要成功要因（PSF）および関連KPI

サービスカタログ管理は、**利害関係者が必要な情報を入手または閲覧できないため、間違った依頼先に連絡するなど、対応の遅れや認識齟齬につながる状態を回避するプラクティス**であると言えます。

サービスカタログ管理の目的を達成するための重要成功要因は、以下の2つです。

・組織のサービスカタログの構造と範囲が、組織の要件を満たしていることを確認すること

組織のビジネス、製品、サービスのアーキテクチャに合わせて、サービスカタログの構造と範囲を設計する必要があります。具体的には、サービスカタログの対象ユーザ、サービス内容、構成要素の記載粒度、他サービスとの関係性、情報元、情報の公開範囲、更新頻度、アクセス要件などです。

・サービスカタログの情報が、利害関係者の現在および予想されるニーズを満たすようにすること

サービスカタログは、各利害関係者の期待に基づいて項目を定義する必要があります。閲覧できる項目をカスタマイズする場合は、ユーザが項目設定できる機能を提供することもあります。カタログ情報の正確さと利害関係者の満足度の把握は、サービスカタログの継続的改善のための重要な指標となります。また、ユーザ体験をモニタリングすることで、カタログの使用状況を測定することも大切です。

■ サービスカタログ管理のPSFとKPI[※1]

PSF	KPI
組織のサービスカタログの構造と範囲が、組織の要件を満たしていることを確認すること	・サービスカタログの完全性(事実に基づき更新されており、情報が不足していないサービスの件数) ・合意済み要件がカタログデザインに反映されているか ・欠損している、または事実ではない情報の件数 ・カタログの更新が自動化されているかどうか(手作業で行われていないか) ・計画済みのカタログデザイン改善の実施状況
サービスカタログの情報が、利害関係者の現在および予想されるニーズを満たすようにすること	・カタログ情報に対する利害関係者の満足度 ・カタログエラーの件数や影響(不正確、誤りがある、古い情報ではないか) ・カタログインタフェースに対する利害関係者の満足度 ・計画済みのカタログ情報やインタフェース改善の実施状況

プロセス① サービスカタログデータと標準サービスカタログ項目の定義と維持

サービスカタログ管理の主なプロセスは、「サービスカタログデータと標準サービスカタログ項目の定義と維持」「合意された利害関係者に最新のサービスカタログ項目を提供および維持」の2つです。

「サービスカタログデータと標準サービスカタログ項目の定義と維持」は、**利害関係者の要件に従って、サービスカタログの構造、データ、および標準項目を定義、合意、維持**します。

■「サービスカタログのデータと標準項目の定義と維持」のフロー※2

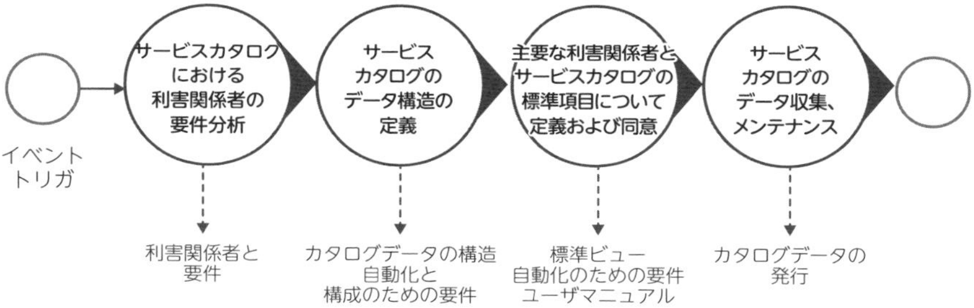

1. サービスカタログにおける利害関係者の要件分析

組織の戦略、アーキテクチャ、サービスポートフォリオなどから、利害関係者のサービスカタログについての要件を、インタビューなどを通じ、発見・分析します。

2. サービスカタログのデータ構造の定義

分析した要件に基づいて、サービスカタログの構造を定義します。構造を定義する際には、データの構造、項目の見せ方、自動化などを検討します。

3. 主要な利害関係者とサービスカタログの標準項目について定義および同意

同意された要件とデータ構造に基づいて、主要なユーザーや部門のための標準項目を定義します。必要に応じて、標準項目の設定と使用方法のユーザーマニュアルを作成します。

4. サービスカタログのデータ収集、メンテナンス

合意されたデータを合意された構造に従って収集・入力します。必要に応じて、データの更新手順とツールの導入を利害関係者と合意し、実装します。

※2 Based upon AXELOS® ITIL ® materials. Material is used under licence from AXELOS Limited. All rights reserved.

◎ プロセス② 合意された利害関係者に最新のサービスカタログ項目を提供および維持

「合意された利害関係者に最新のサービスカタログ項目を提供および維持」は、**サービスカタログの運用と継続的改善**です。

■「サービスカタログ項目の提供および維持」のフロー※3

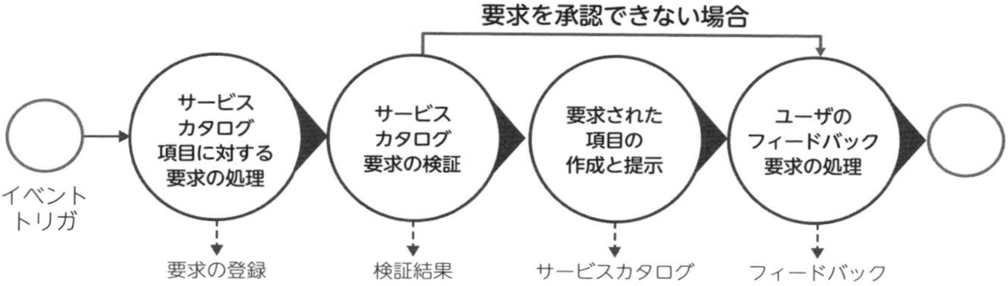

1. サービスカタログ項目に対する要求の処理

ユーザは、サービスカタログの項目について、追加、更新、削除などの要求を提出します。

2. サービスカタログ要求の検証

サービスカタログ管理のシステムは、外部連携を含む要求の妥当性と品質をチェックします。要求が適切ではない場合は、ユーザは承認が却下された理由などについての適切なメッセージを受け取ります。

3. 要求された項目の作成と提示

要求を処理し、サービスカタログに反映します。

4. ユーザのフィードバック要求の処理

ユーザは、期限内にフィードバックを提供するよう依頼を受けます。フィードバックは、サービスデザインのプラクティスやその他の改善活動のインプットとして使用されます。

まとめ

- **サービスカタログ管理は、利用を許可された対象者が確実に利用できるよう、情報を常に正確で最新な状態に一元管理する**
- **サービスカタログのサービス詳細と属性は、意図する目的に基づいて柔軟に設定し、対象者に公開することが重要**

※3 Based upon AXELOS® ITIL ® materials. Material is used under licence from AXELOS Limited. All rights reserved.

33 インシデント管理

インシデント管理は、サービスを迅速に回復させるプラクティスです。サービス消費者がサービスを利用できない状態は、組織の事業活動に大きな影響を与えます。そのような影響を最小化することが、本プラクティスの重要な使命です。

インシデント管理の目的

インシデント管理は、**インシデント発生時に、サービス運用を可能な限り迅速に復旧することにより、ビジネスへの悪影響を最小限に抑えること**を目的としたプラクティスです。

ITILでは、インシデントを**「サービスの計画外の中断またはサービスの品質低下」**と定義しています。インシデントの例をいくつか挙げます。

■インシデントの例

- 経理システムのシステムダウン
- ネットワークの不通により、メールやWebが利用できない
- Webへのアクセス遅延の発生
- 人事システムに登録されている情報の漏洩
- 閲覧不可のファイルにアクセスできてしまう

ビジネスへの影響度はインシデントによって異なるため、その度合いに応じた対処が必要です。このアプローチをパターン化したものを**インシデントモデル**と呼びます。また、特にビジネスに重大な影響を与えるため、即時解決が必要なインシデントのことを、**重大なインシデント**と定義し、区別しています。

■ インシデントモデルの例

モデル名	概要
重大なインシデント	即時にサービス復旧が必要な緊急対応パターン
完全自動化	自動的にサービス復旧を実行するパターン
自チーム完結	自チーム内で対応が完結できるパターン
他チーム協調	他チームと協調して対応が必要なパターン
サプライヤ連携	製品ベンダなどへの連携が必要なパターン

インシデント管理のポイントは、**可能な限り迅速なサービス復旧**です。サービスを利用するユーザ目線で考えると、サービスが使いたい時に使えることが何よりも重要です。何かしらの要因でインシデントが発生し、サービスが使えない状態に陥った場合は、発生した根本原因の究明よりも、まずは迅速なサービス復旧を優先します。

では、「可能な限り迅速」とは、どれくらい迅速であればよいのでしょうか。これは、利用するユーザまたは顧客によって異なるため、あらかじめサービス品質についての合意が必要です。このサービス品質について、顧客と合意した文書のことを**サービスレベルアグリーメント（SLA）**と呼び、その管理は「サービスレベル管理」プラクティス（P.160参照）として整理されています。

インシデントによっては、完全な解決策がまだ存在しない場合もあり、取り急ぎ復旧させるために「とりあえずPCを再起動！」といった暫定的な対処を施す場合もあります。これを、**ワークアラウンド**（P.150参照）と言います。ITILでは、根本原因の究明は「問題管理」プラクティスとして別に整理されているので、詳細は「34. 問題管理」をご確認ください。

■ インシデント管理と問題管理の違い

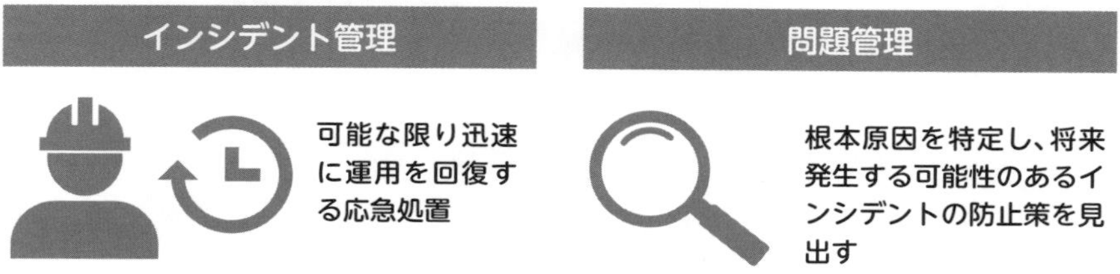
インシデント管理
可能な限り迅速に運用を回復する応急処置
問題管理
根本原因を特定し、将来発生する可能性のあるインシデントの防止策を見出す

重要成功要因（PSF）および関連KPI

インシデント管理は、**サービス復旧が遅延することで、サービス消費者がサービスを利用できない状態が続く状況を回避するためのプラクティス**と言えます。ただし、無尽蔵にリソースを利用できるわけではないため、俊敏性と効率性のバランスが求められます。

インシデント管理の目的を達成するための重要成功要因（PSF）は、以下の3つです。

・インシデントを早期に検出すること

可能な限りインシデントを自動的に検出・登録し、ユーザに影響を及ぼす前に対応することが求められます。様々なサービスを連携させるケースが多く、サービスが複雑化している昨今では、「インシデントを早期に検出するために、いつ・何をモニタリングすべきか？」が重要な論点となり、設計段階で十分な検討が必要です。これは、「モニタリングおよびイベント管理」（P.166参照）と連携することで実現します。

・インシデントを迅速かつ効率的に解決すること

インシデントが検出されたら、環境の複雑さを考慮して、自動解決またはエスカレーションを行い、効果的かつ効率的に対応することが重要です。

迅速に解決するポイントとして、本プラクティスでは**スウォーミング**という考え方があります。スウォーミングとは、特にインシデントの影響が大きく、未知の事象ですぐに診断が難しい場合に、診断がつくまでは関係者が全員集まって、リアルタイムで会話しながら解決するアプローチです。このアプローチを採用することで、復旧方法の調査に時間がかかり、対処が遅れることを防止します。ただし、スウォーミングでは多くの要員が対応することになるため、効率性とのバランスを取る必要があります。

・インシデント管理アプローチを継続的に改善すること

インシデントの定期的なレビューを実施し、プラクティス・製品・サービスの有効性と効率を改善することが重要です。「サービス消費者が求めるサービス品質を満たせたのか」「インシデントの解決に向けてボトルネックとなった活動は何か」「次に同じインシデントが発生した場合、どのように改善すれば迅速にサービス復旧が可能か」などについて、サービスの復旧後に関係者とレビューし、必要に応じて改善活動を実施しましょう。

■ インシデント管理のPSFとKPI※1

PSF	KPI
インシデントを早期に検出すること	・インシデント発生から検出までの時間 ・監視とイベント管理によって、インシデントを検出した比率
インシデントを迅速かつ効率的に解決すること	・インシデント検出から診断受付までの時間 ・診断に要した時間 ・再割り当ての件数 ・インシデント処理時間全体に占める待ち時間の割合 ・初回解決の比率 ・合意している解決時間の達成 ・インシデント管理に対するユーザの満足度 ・インシデント管理自動化の比率 ・ユーザ報告を受ける前にインシデントを解決した比率
インシデント管理アプローチを継続的に改善すること	・既知の解決方法によりインシデントを解決した比率 ・インシデントモデルを使用してインシデントを解決した比率 ・KPI改善の実施 ・インシデント解決のスピードと、インシデント解決手段の有効性のバランス

プロセス① インシデントの処理と解決

インシデント管理の主なプロセスは、「インシデントの処理と解決」「定期的なインシデントレビュー」の2つです。

「インシデントの処理と解決」は、**インシデントを検出するところから、インシデントをクローズするまでの一連の活動**です。

■「インシデントの処理と解決」のフロー※2

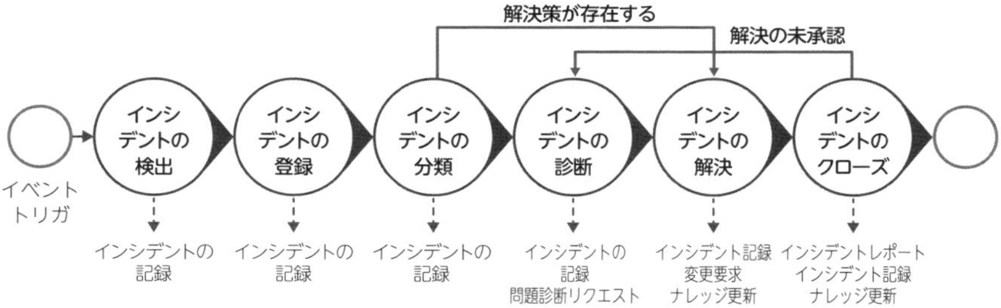

1. インシデントの検出

ユーザまたはシステムが検出したイベントを、事前に定義した分類に基づき識別します。監視システムからの自動アラート連携などによって、より迅速に検出可能な仕組みを構築することを推奨します。

2. インシデントの登録

検出されたインシデントを詳細に記録します。ユーザから連絡が来た場合は、記録内容に抜け漏れがないように、事前にスクリプト（確認項目一覧）を準備し、確実に情報を記録できるようにします。

3. インシデントの分類

インシデントの影響範囲、担当を特定するため、事前に定義したカテゴリに基づき分類します。分類の例としては、PC、サーバ、ネットワーク、特定の業務アプリケーション、メールなど様々なカテゴリが考えられますが、エスカレーション先を特定できる粒度で分類することがポイントです。

4. インシデントの診断

既知のエラー・データベースを参照し、解決策が明確になっているか確認します。既知のエラーとは、**根本原因が認知され、暫定的なワークアラウンド（回避策）もしくは恒久的な代替策が識別された問題**です。参照した結果、解決策が明確になっていない場合は、より高度な専門知識を持つチーム（スペシャリスト・チーム）にエスカレーションします。

5. インシデントの解決

解決策を明確にできた場合、それを適用、テスト、実施します。解決策が機能しない場合は、「インシデントの診断」を再度実施します。

6. インシデントのクローズ

サービスが復旧し、ユーザが満足していることを確認します。合わせて、解決にかかった工数やコストの計算、レポートの作成、インシデントのレビューを実施し、インシデントレコード（記録されたインシデント情報）を更新後、正式にインシデントをクローズします。原因の調査がさらに必要な場合は、問題管理が追加調査を開始します。

※2 Based upon AXELOS® ITIL ® materials. Material is used under licence from AXELOS Limited. All rights reserved.

プロセス② 定期的なインシデントレビュー

「定期的なインシデントレビュー」は、**インシデント管理を継続的に改善する活動**です。この活動は、インシデント管理の責任者であるインシデントマネージャを中心に行われます。

■「定期的なインシデントレビュー」のフロー※3

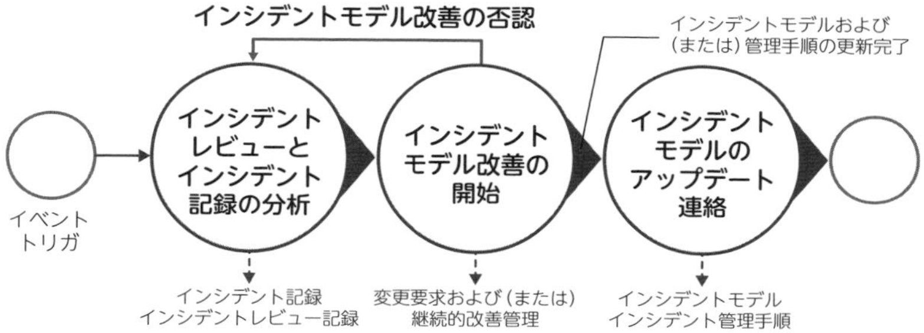

1. インシデントレビューとインシデント記録の分析

インシデントマネージャは、サービスオーナやその他の関連する利害関係者とともに、重大なインシデント、時間内に解決できなかったインシデントなどを中心にレビューを実施し、改善すべき機会があるかどうかを識別します。

2. インシデントモデル改善の開始

インシデントマネージャは、「継続的改善」プラクティス（P.172参照）と連携し、改善対象となる活動を継続的改善管理表（CIR）に登録します。また、インシデントモデルを変更するにあたり、何かしらのサービス変更が必要な場合は、変更要求を提出して変更実現プラクティスを開始します。

3. インシデントモデルのアップデート連絡

インシデントモデルを正常に更新し、利害関係者に連絡します。

まとめ

- **インシデント管理の目的は、可能な限り迅速にサービス復旧を実現すること**
- **迅速な解決に向けて、スウォーミングなど、サービス特性に応じた対処を行い、俊敏性と効率性のバランスを取ることが重要**

5 バリューストリーム ユーザサポート業務

※3 Based upon AXELOS® ITIL ® materials. Material is used under licence from AXELOS Limited. All rights reserved.

34 問題管理

問題管理は、インシデントが発生した原因を特定し、対処策を検討・管理するプラクティスです。インシデント管理がサービス復旧に貢献するのに対して、問題管理は、二度と同じ問題が発生しないように対処し、予防保全活動までを実施します。

問題管理の目的

ITILでは「1つ以上のインシデントの原因、または潜在的な原因」を、**問題**と呼びます。また、「分析済みであるが未解決である問題」を**既知のエラー**、「完全な解決策がまだ利用できないインシデント・問題の影響を、軽減または排除するソリューション」を**ワークアラウンド**と呼びます。

問題管理は、**インシデントの直接的、および潜在的な原因を特定し、ワークアラウンドと既知のエラーを管理することにより、インシデント発生の可能性と影響を減らすこと**を目的とします。

問題管理のポイントは、**原因に対して対処すること**です。インシデント管理（P.144参照）がまずはサービスを回復させ、その後、もしくは同時並行的に問題管理が原因に対処します。運用保守担当者からすると、「まずは原因を特定しないと対処ができない」という気持ちがあり、問題管理を重視してしまいがちですが、インシデント管理とのバランスを取ることが重要となります。

重要成功要因（PSF）および関連KPI

問題管理は、**インシデント発生の原因が不明になることで、同じようなインシデントが何度も発生し、サービス消費者に迷惑をかけてしまう状況を回避するためのプラクティス**と言えます。

問題管理の目的を達成するための重要成功要因は、以下の2つです。

・問題とそのサービスへの影響を特定して理解すること

サービスまたは製品のエラーによりインシデントが発生し、サービス品質と顧客満足度に悪影響を及ぼさないよう、問題を確実に特定することが求められます。サービス影響を特定するためには、対象のサービス消費者、業務とサービスの関係性、サービスの構成要素や構成要素間の関係性などの理解が必要です。これらは、「サービス構成管理」(P.224参照) などと連携することで実現できます。

・問題の解決と軽減の最適化

問題の特定後、問題を効果的かつ効率的に対処する必要があります。関連するコスト、リスク、およびサービス品質への影響を考慮し、バランスの取れたアプローチを定義しましょう。ITILでは、特定のタイプの問題を管理するための反復可能なアプローチを活用し、効率性を高めます。これを、**問題モデル**と呼びます。

エラーを取り除くための恒久対策には費用がかかるため、ワークアラウンドで暫定対処するという判断もあり得ます。しかしながら、ワークアラウンドの多用は、運用業務の煩雑化・複雑化を招き、技術的負債を蓄積することになるため、それらのリスクも踏まえた総合的な判断が必要となります。

■ 問題管理の重要成功要因 (PSF) および関連KPI ※1

PSF	KPI
問題とそのサービスへの影響を特定して理解すること	・検出した問題の件数とその影響 ・既知のエラーに該当しなかったインシデントの件数 ・緊急を要するインシデントの件数とその影響
問題の解決と軽減の最適化	・問題解決手段によって防いだインシデントの件数 ・問題調査手段によって解決したインシデントの件数 ・未解決のエラー件数とその影響

プロセス① プロアクティブな問題の特定

問題管理の主なプロセスは、「プロアクティブな問題の特定」「リアクティブな問題の特定」「問題コントロール」「エラーコントロール」の4つです。

「プロアクティブな問題の特定」は、**インシデントがまだ発生していない潜在的な問題を特定すること**です。

■「プロアクティブな問題の特定」のフロー※2

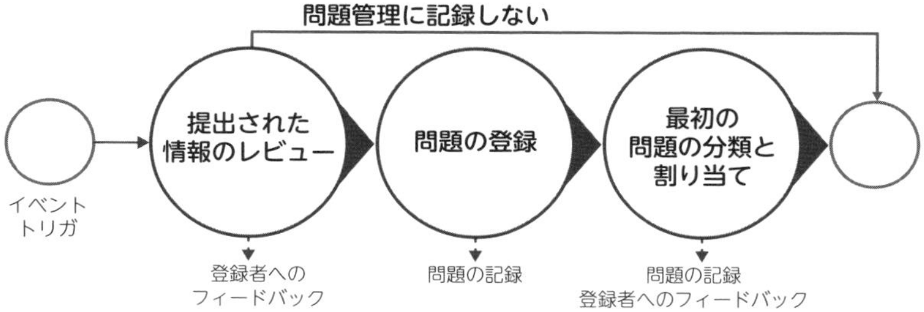

1. 提出された情報のレビュー

サービスまたは製品に関する不具合やセキュリティの脆弱性などの情報提供を受けて、専門的なグループまたはメンバーが関連する可能性のあるインシデントをチェックします。例えば、ある製品の特定バージョンにおける不具合の情報がサービス・プロバイダから提供された場合、そのバージョンを利用しているサービスの洗い出しや、対応中または最近発生したインシデントに関連するものがないかの調査を行います。

なお、本活動を実施するにあたっては、**サービスや製品の情報が得られる状態にあること、または情報を定期的に確認するための業務が定義されていること**が重要になります。これらは問題管理の活動としてITIL 4では定義されていませんが、実務では必ず定義するようにしましょう。

2. 問題の登録

問題管理の必要性があると判断した場合、専任、または幅広い専門的なグループにて問題を登録します。

3. 最初の問題の分類と割り当て

問題を登録する際に、問題の分類を行います。登録情報には通常、情報ソース、問題についての説明、関連する構成要素、関連する潜在的に影響を受けるサービス、組織と顧客への影響、発生し得るインシデントなどが含まれます。分類に基づき、関連する構成要素やサービス・製品を担当する専門的なグループに問題を割り当てます。

※2 Based upon AXELOS® ITIL® materials. Material is used under licence from AXELOS Limited.

プロセス② リアクティブな問題の特定

「リアクティブな問題の特定」は、**すでに発生したインシデントについて問題を特定すること**です。

■「リアクティブな問題の特定」のフロー※3

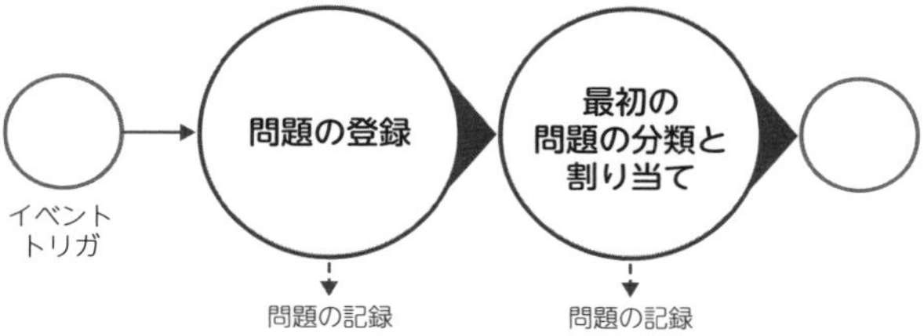

1. 問題の登録

インシデント管理を実行中に原因調査の必要性を特定した場合、インシデントに紐づく形で問題を登録します。

問題を登録するかどうかを判断するには、**費用対効果やリスクを踏まえて、判断基準をあらかじめ定義する**ことが重要です。例えば、「同様のインシデントがXX回発生した場合」「プライオリティが最高レベルのインシデント」「サービス消費者へ何らかの影響があったインシデント」は問題の登録を必須とする、といった判断基準が考えられます。

2. 最初の問題の分類と割り当て

問題を登録後、問題を分類します。すでに発生しているインシデントがトリガーとなる場合、またはインシデント分析がトリガーとなる場合が考えられます。いずれも、インシデントの説明、関連する構成要素、インシデントの推定影響と確立、関連する潜在的に影響を受けるサービス、組織と顧客への影響などを、問題情報に含む必要があります。

プロセス③ 問題コントロール

「問題コントロール」は、「プロアクティブな問題の特定」または「リアクティブな問題の特定」後、**原因を調査および結果を共有する活動**です。

※3 Based upon AXELOS® ITIL ® materials. Material is used under licence from AXELOS Limited. All rights reserved.

■「問題コントロール」のフロー※4

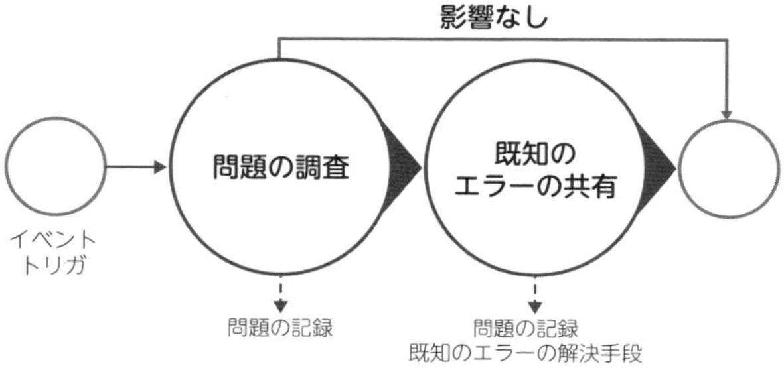

1. 問題の調査

「最初の問題の分類と割り当て」で割り当てられた専門的なチームが、構成要素や他サービスで報告されたエラーなども参照しながらインシデントの原因を検証します。調査した問題が他のサービスに関連している場合は、問題解決を他チームと連携しながら実施します。すでに報告されたエラーであれば、既知のエラーとして登録します。

2. 既知のエラーの共有

問題調査の結果を問題起票者と関連チームに共有します。調査中の問題に関連する対応中インシデントの場合、原因を特定することでインシデントの解決策も特定できる可能性があるため、問題の調査結果をインシデント調査チームに共有します。

プロセス④　エラーコントロール

「エラーコントロール」は、「問題コントロール」の調査結果を受けて、**エラーの解決方法を検討し、その解決を管理する活動**です。

■「エラーコントロール」のフロー※5

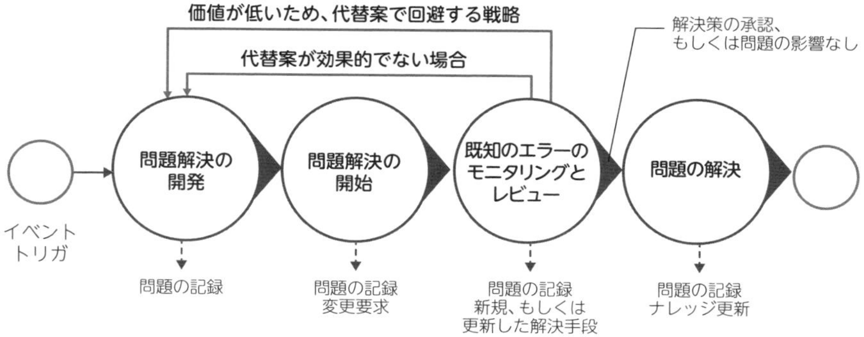

1. 問題解決の開発

「最初の問題の分類と割り当て」で割り当てられたチームは、問題を解決する方法を特定します。問題の解決方法は、問題の調査段階である程度の方向性が定まっている場合も多いですが、本活動では解決施策の具体的な影響、ステップ、手順を明らかにします。

2. 問題解決の開始

多くの場合、問題の解決には変更が必要であるため、担当チームは組織内の手順に従い、変更要求を提出します。変更要求には財務、リスク、コンプライアンス、技術などの考慮事項を含みます。

3. 既知のエラーのモニタリングとレビュー

解決策の実装のため、事前に合意した基準をもとに、問題管理者から承認を得る必要があります。実行可能な解決策がない場合や、ワークアラウンドが有効な場合は、既知のエラーとして管理し、定期的にサービスや製品の最新情報を確認します。現状は解決策がない場合でも、次のバージョンで解決していることや、少し時間が経ってからエラーを解決するモジュールが提供される可能性があるからです。

4. 問題の解決

問題を担当するチームは、問題のレビュー結果を文書化し、問題の記録を正式に完了します。特に、同様の問題が再発する可能性がある場合は、組織のナレッジベースの一部として、完了した問題の記録を利用できるようにします。

まとめ

- **問題管理は、原因を特定し、対策を検討・管理するプラクティス**
- **主なプロセスは「問題の特定（プロアクティブ）」「問題の特定（リアクティブ）」「問題コントロール」「エラーコントロール」の4つ**

35 ナレッジ管理

ナレッジ管理は、適切な情報を、適切な様式、適切なレベル、適切な時期に確実に入手できるようにするために、組織全体の情報・ナレッジの管理と利活用を推進するプラクティスです。

ナレッジ管理の目的

ナレッジ管理の目的は、**組織全体の情報とナレッジ利用の有効性、効率性、利便性を維持し、改善すること**です。ナレッジ管理は、情報、スキル、プラクティスなど、様々な形のナレッジを管理するための方法を提供します。また、利害関係者が、「適切な情報を、適切な様式、適切なレベル、適切な時期に確実に入手できるようにすること」に貢献します。

例えばユーザサポート業務では、ユーザが検索可能なFAQ（質問と回答）をポータルで公開し、利用者向けのガイドラインやマニュアルをナレッジとして提供することで、ユーザの利便性を高めることに貢献します。また、市場動向など最新情報を入手したい際は、情報やナレッジの収集を依頼し、取得した情報やナレッジを各活動に活かしていきます。

重要成功要因（PSF）および関連KPI

ナレッジ管理は、**人依存ではない、組織としてのナレッジ資産を最大限活用することで、個人やチームの限界を超えた目標達成を実現するためのプラクティス**と言えます。

ナレッジ管理の目的を達成するための重要成功要因は、以下の2つです。

・価値あるナレッジを作成・維持し、それを組織全体へ浸透させること

ナレッジ管理を効果的に利用することで、他組織やサービスとの差別化が可能です。その際、ナレッジを共有することの価値と重要性を強調し、チーム内外に対してオープンな職場環境を作り出すことが重要です。

・情報を効果的に使用して、組織全体の意思決定を可能にすること

組織全体の意思決定をサポートするためには、「適切な情報を適切なタイミングで入手できること」「リモートからでも情報へのアクセスを可能とすること」「問題が発生した場合は、即座にアラートを送信すること」などを仕組みとして確立します。

また、情報の質も重要です。収集した情報が間違っている場合や、情報の管理・入力の基準が曖昧な場合は、管理する情報の質に悪影響を及ぼします。

■ナレッジ管理のPSFとKPI※1

PSF	KPI
価値あるナレッジを作成・維持し、それを組織全体へ浸透させること	・ナレッジ管理の仕組みが、事前に定義した要件を満たしているか ・ナレッジ管理に対する利害関係者の満足度 ・キャッチアップ能力 ・ナレッジ管理の組織への浸透
情報を効果的に使用して、組織全体の意思決定を可能にすること	・意思決定への情報活用度に対する、利害関係者の満足度 ・監査報告において、情報利用が事前に定義した要件を満たしているか ・情報の品質(精度、完全性、整合性、単一性、即時性) ・ナレッジ管理ツールの有用性 ・ナレッジ管理ツールに対するユーザの満足度

プロセス① ナレッジ管理システムの確立・維持

ナレッジ管理の主なプロセスは、「ナレッジ管理システムの確立・維持」「最新情報およびナレッジの取得」の2つです。

「ナレッジ管理システムの確立・維持」は、**ナレッジ管理の仕組みを確立し、継続的に改善**を行います。

■「ナレッジ管理システムの確立・維持」のフロー※2

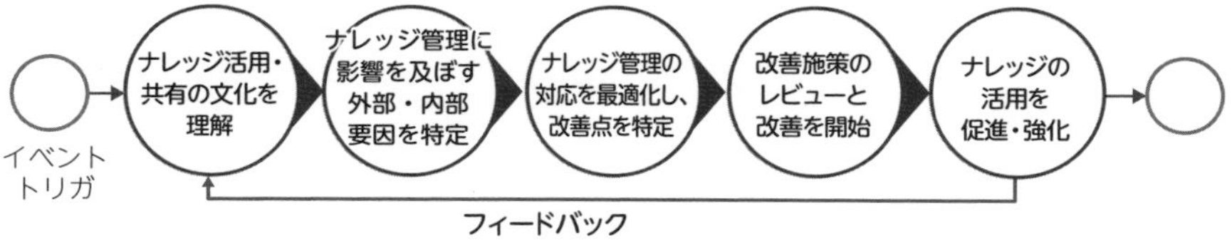

1. ナレッジ活用・共有の文化を理解

サービス・プロバイダだけでなく、利害関係者全員が組織のナレッジを積極的に共有し、利活用する意識を持つことが重要です。組織のナレッジを最新に維持していること、求めるナレッジが取得できる環境にあることを、利害関係者全員が定期的にレビュー・分析します。

2. ナレッジ管理に影響を及ぼす外部・内部要因を特定

管理者およびチームメンバーは、継続的にナレッジ管理に影響を及ぼす外部・内部要因を特定し、レビュー・分析します。外部要因は、市場動向、最新のフレームワーク、関連業界のナレッジに関する推奨事項などです。内部要因は、データ分析の技術・方法、ナレッジ共有を推進する環境作りなどです。

3. ナレッジ管理の対応を最適化し、改善点を特定

前のステップの結果に基づいて、管理者はチームメンバーと共に、ナレッジ管理の課題や改善点を明らかにします。

4. 改善施策のレビューと改善を開始

管理者は改善施策をレビューし、継続的改善を通して、改善施策に関連するナレッジ情報を登録します。

5. ナレッジの活用を促進・強化

管理者およびチームメンバーは、関連するガイダンス、トレーニング資料を作成します。そして、関連するチャネルを介して情報を共有の上、トレーニングを実施し、組織のメンバーのナレッジ管理活動をサポートします。

プロセス② 最新情報およびナレッジの取得

「最新情報およびナレッジの取得」は、**最新情報やナレッジを要求するところから、それらを取得するまでの一連の活動**です。

■ 最新情報およびナレッジの取得※3

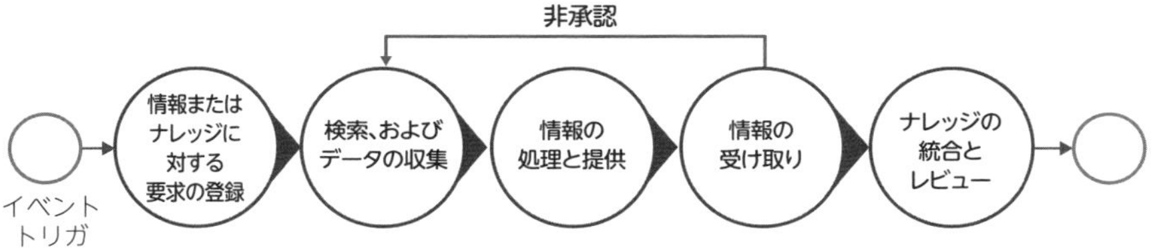

※3 Based upon AXELOS® ITIL ® materials. Material is used under licence from AXELOS Limited. All rights reserved.

1. 情報またはナレッジに対する要求の登録

管理者またはチームメンバーは、事前に決められた形式で情報またはナレッジに対する要求を受け付けます。通常、情報の範囲、目的、内容、情報ソース、形式、提供タイミングなどを提示してもらいます。例えば、ポータルサイトにナレッジの取得申請のワークフローを用意し、画面に情報を入力して登録してもらう方法などがあります。

2. 検索、およびデータの収集

管理者、またはチームメンバーは、情報収集する担当者を割り当てます。情報収集に費やす時間、成果、データの選択基準について、情報要求者とあらかじめ合意した上で調査を開始します。要求された目的に応じ、内部・外部の情報源から利用可能なデータと情報を取得します。例えば、「最近のシステム開発におけるオフショア活用事例」についての調査依頼であれば、内部の様々なシステム開発プロジェクトの情報を収集する一方で、外部調査機関や政府機関が発行しているレポートなどを調査します。

3. 情報の処理と提供

割り当てられた担当者は、収集したデータを分析・構造化し、事前に決められた形式で提示します。

4. 情報の受け取り

情報要求者は、収集した情報において、情報品質、フォーマット、情報提示のタイミングなどに問題がないかレビューします。情報が要件を充足しない場合は、情報要求者は、再度データの収集を依頼するか、要求を取り消します。

5. ナレッジの統合とレビュー

提供した情報が受け入れられた場合は、次の機会に活かすためにレビューを実施します。レビュー結果に基づき、情報要求者のみが独占的に所有するか、組織としての統合的なナレッジ管理システムへ公開するかを決定します。

まとめ

- **ナレッジ管理は、組織全体の情報とナレッジの利用の有効性、効率性、利便性を維持し、改善するプラクティス**
- **主なプロセスは、「ナレッジ管理システムの確立・維持」「最新情報およびナレッジの取得」の2つ**

36 サービスレベル管理

サービスレベル管理は、サービスレベルについて明確なビジネスベースの目標を設定し、これらの目標に対して定性・定量の両側面から評価、モニタリング、管理を行うことで、常に顧客の期待値に応え続けるプラクティスです。

サービスレベル管理の目的

サービスレベル管理は、**サービスレベルについて明確なビジネスベースの目標を設定し、これらの目標の達成度合いをモニタリング、評価すること**を目的とします。費用対効果のバランスを取りつつ顧客やユーザの体験価値を最大化するために、サービスレベルの合意と体験レベルの合意の組み合わせ、評価・モニタリングを実施し、継続的なサービス改善へとつなげていきます。

サービスレベルについては、顧客とサービス・プロバイダ間で**SLA（Service Level Agreement）**を合意するのが一般的です。SLAは、障害発生からサービス回復までの時間、変更作業の成功率、サービスの可用性、問い合わせに対する回答時間などのKPIに対して、目標値を設定します。

では、SLAさえ遵守すれば顧客とユーザが完全に満足するかというと、そうではないケースもあります。顧客・ユーザの満足度には、サービスで得られる顧客体験やユーザ体験が含まれるからです。最近では、顧客やユーザの体験価値をSLAと同様に可視化し、合意するケースもあります。これを、**XLA（eXperience Level Agreement）**と呼びます。例えば、ユーザの生産性向上率、ユーザフィードバックの評価点、ユーザがサービス停止によって業務できなかった時間（ロスト時間）などが指標となります。

■SLAとXLAの違い

合意文書	説明	指標の例
SLA	システムまたは運用保守業務に対する品質レベルを合意する文書	障害復旧時間、変更成功率、問い合わせ回答率など
XLA	顧客とユーザが得られる体験価値（満足度や生産性）に対する貢献度合いを合意する文書	ユーザの生産性、ユーザフィードバックの評価点、ユーザの業務が停止した時間など

重要成功要因（PSF）および関連KPI

サービスレベル管理のプラクティクスは、**明確な品質やコストに対する合意がない中で、ユーザや顧客の感覚のみでサービスが評価され、顧客とサービス・プロバイダ双方に納得感がないまま信頼関係が悪化することを防止するためのプラクティス**であると言えます。

サービスレベル管理の目的を達成するための重要成功要因は、以下の4つです。

・顧客とサービスレベル目標を共有すること

まず、目標サービスレベルの共通理解を確立する必要があります。事前にすべての利害関係者が満足する合意を形成するのは難しいですが、それでもサービス・プロバイダと顧客がサービス品質について共通の見解を持っていることは重要です。

顧客とのやり取りは、サービスの種類によって大きく異なります。例えば、自社向けにカスタマイズされたサービスの場合、サービスの提供と消費を開始する前に、様々な顧客が求める個別要件について合意・交渉する余地があります。一方で、汎用的なサービスの場合、サービスレベルの変更や交渉を行う余地はほとんどなく、1つ以上の事前定義されたサービスレベルから選択することになります。

・組織が定義されたサービスレベルをモニタリングすること

上記の活動によって目標サービスレベルの共通理解が確立され、サービス提供が開始された場合、サービス・プロバイダは、SLAやXLAに基づき、サービス品質をモニタリングする必要があります。

なお、サービスレベル管理には、ツールなどを活用してデータを収集する仕組みの設計と実行は含まれません。これは、「サービスデザイン」（P.186参照）、「モニタリングおよびイベント管理」（P.166参照）、「測定および報告」のプラクティスによって行われるため、密な連携が必要になります。

・サービスレビューを実行すること

サービスレビューは、定期または不定期に開催します。定期のレビューでは、

「前回のレビュー以降に、サービスに導入された変更の数」「サービスの期待や要件が変更される可能性」などについてのレビューを、週次報告会や月次報告会で実施します。不定期のレビューでは、「重大なインシデント」「サービスの大幅な変更の要求」「サービスのビジネスニーズや要件の変更」などについて、臨時の会議（重大障害対策会議や、緊急変更委員会など）を開催します。

・改善の機会を捉えて報告すること

サービスレベル管理は、改善の機会の特定とサービス改善の開始が含まれます。これらの改善は、実際のサービス品質を修正すること、またはサービスに対するユーザと顧客の満足度を向上させることを目的とします。例えば、顧客体験を改善することを目的とした、サービスのUX／UI、顧客・ユーザとのコミュニケーションチャネルの改善などが考えられます。

■ サービスレベル管理のPSFとKPI※1

PSF	KPI
顧客とサービスレベル目標を共有すること	・SLAに対する顧客満足度 ・期限切れのレビュー対象SLA ・目標が設定されていないサービスに関連するオペレーション（インシデント、変更など）
組織が定義されたサービスレベルをモニタリングすること	・サービスレベルが定義されたSLAの割合 ・測定方法が定義されていること ・定期的にSLAレポートを作成しているサービスの割合 ・サービスレベル監視にダッシュボードを使用している割合 ・満足度に関するデータをシステム的に収集している割合
サービスレビューを実行すること	・サービスレポートに対する顧客満足度 ・サービスレビューに対する顧客満足度 ・定期的にサービスレビューを行っている割合
改善の機会を捉えて報告すること	・直近3か月平均、直近12か月平均のサービス品質（service quality index）比較 ・サービス生産性の向上指標

プロセス①　SLAの管理

サービスレベル管理の主なプロセスは、「SLAの管理」「サービスレベルとサービス品質のモニタリング」の2つです。

「SLAの管理」は、**契約とそのライフサイクルの管理に焦点を当て、継続的にSLAの評価・改善を行う活動**です。

■「SLAの管理」のフロー※2

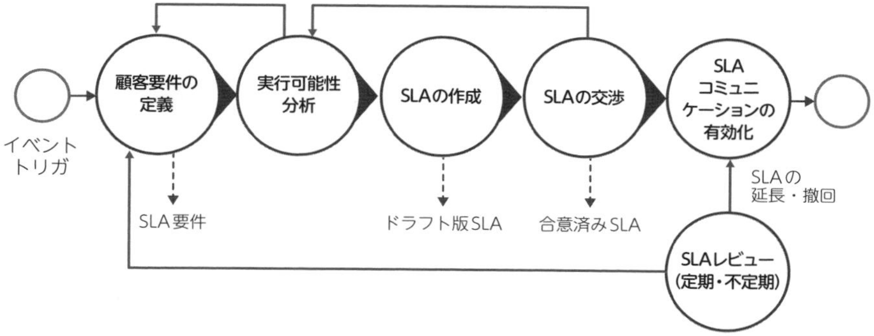

1. 顧客要件の定義

顧客は、事業の要望である「サービスを利用することで何を実現したいのか」について、サービスに対する具体的な要件をサービス・プロバイダに伝えます。

2. 実行可能性分析

顧客要件を満たすことが可能かどうかについて、コストと実行スケジュールを検討します。検討の際には、サービス提供時に協業が必要となるパートナとサプライヤにも協力を要請し、実現可能性を評価します。

3. SLAの作成

サービスを設計する担当者、サービスオーナ、顧客との関係性に責任を持つマネージャーは、実行可能性分析に基づいたサービスレベルについて、契約書のドラフト版を作成します。

4. SLAの交渉

顧客とサービス・プロバイダの担当者は、事前にドラフト版SLAについて、期待と内容のすり合わせを実施します。契約が受け入れられない場合は、「実行可能性分析」に戻ってドラフト版SLAを再度見直します。ドラフト版のSLAが合意されると、最終的に顧客とサービス・プロバイダの責任者間で正式に合意します。

5. SLAコミュニケーションの有効化

SLAが正式に合意されると、サービス・プロバイダは、合意されたサービスをユーザが利用できるように、ユーザアカウントの作成や権限の付与などの、必要な変更と環境準備を実施します。

6. SLAレビュー

SLAの内容について、SLAで定義された期間（定期または不定期）に従ってレビューを実施します。

7. SLAの延長

SLAを延長する場合、変更手続きを実施します。契約延長は完全に（または部分的に）自動化されている場合もあります。

8. SLAの撤回

何らかの理由によりSLAの契約を解除する場合、サービス・プロバイダは必要な変更手続きを実施します。

プロセス② サービスレベルとサービス品質のモニタリング

「サービスレベルとサービス品質のモニタリング」は、**サービスレベル管理を継続的に改善する活動**です。

■「サービスレベルとサービス品質のモニタリング」のフロー※3

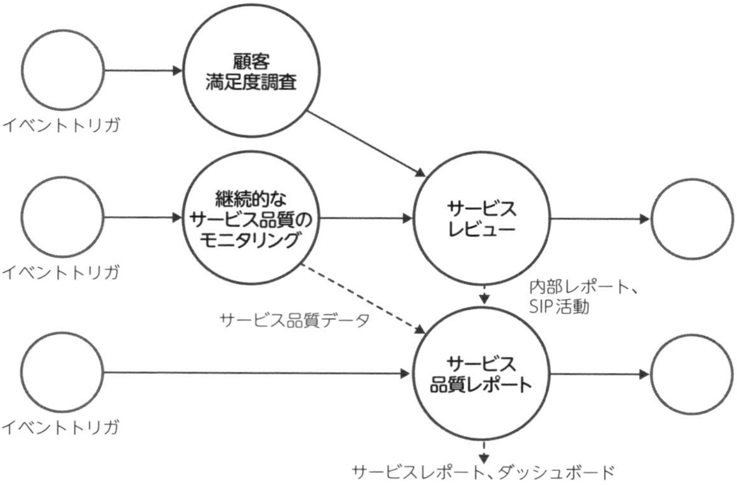

※3 Based upon AXELOS® ITIL ® materials. Material is used under licence from AXELOS Limited. All rights reserved.

1. 顧客満足度調査

サービス・プロバイダは、定期的に顧客満足度調査を実施し、顧客とユーザからのフィードバックを収集します。通常のサービス品質に対する項目だけではなく、顧客やユーザがサービスを利用して感じた不満や好感などについても収集することで、数値では把握が難しい顧客やユーザの本音を把握しましょう。

2. 継続的なサービス品質のモニタリング

サービス・プロバイダは、SLAで定義されているサービスに関連するデータ（サービスの品質、コスト、スピードなど）を継続的に収集します。収集する情報には、システムから収集されるデータだけではなく、ユーザやその他の関連する利害関係者から得たフィードバックも含みます。

3. サービスレビュー

サービスオーナは、SLAで定義された期間（週次、月次、年次など）で定期的な会議体を設定し、サービス品質のレビュー会を実施します。また、重大障害の発生によりサービス品質を急遽見直す必要が発生した場合は、緊急会議として関係者を招集し、サービス品質のレビューを実施します。

レビューは、サービスオーナと関連する利害関係者（製品オーナ、技術チームのリーダー、顧客担当責任者、関連サプライヤのマネージャーなど）で行います。また、顧客および主要なユーザとサービス品質のレビューを実施する場を設け、顧客の期待値に対する充足度合いを確認することも必要です。

4. サービス品質レポート

サービス・プロバイダは、顧客やその他の合意された利害関係者に対して、サービスレベルの達成度と満足度を示すレポートまたはダッシュボードを作成し、報告します。

まとめ

- **サービスレベル管理は、サービスレベルについて明確なビジネスベースの目標を設定し、これらの目標の達成度合いをモニタリング・評価**
- **費用対効果のバランスを取りながら、顧客やユーザの体験価値を最大化することが重要**

37 モニタリングおよびイベント管理

モニタリングおよびイベント管理は、サービスを監視し、識別されたイベントを記録、報告するプラクティスです。サービス消費者がサービス障害などに直面する前に、状態の変化をいち早く察知し、対処します。

モニタリングおよびイベント管理の目的

モニタリングおよびイベント管理の目的は、**サービスとサービス・コンポーネントを体系的に監視し、イベントとして識別された状態の変更を選別して記録・報告すること**です。インフラストラクチャ、サービス、ビジネス・プロセス、情報セキュリティのイベントを識別し、優先度付けを行います。また、障害やインシデントの発生につながりかねないイベントや状況に対する適切な対応を確立します。

モニタリングおよびイベント管理は、他のプラクティスと相互に関連しながら価値を提供します。例えば、イベントの中には、インシデントとみなされるサービス停止などを示すものもあり、この場合は「インシデント管理」プラクティス（P.144参照）の活動を開始する必要があります。

■ イベントの例

- **インシデントとみなされるイベント**
  （例）アクセス不可、サービスダウンなどに関連するエラー
- **インシデントが起こる予兆を察知するためのイベント**
  （例）ハードディスクやCPUのリソース利用率が高まっているという警告
- **セキュリティや監査の観点で記録が必要なイベント**
  （例）ユーザがサービスにアクセスした、特定のファイルを開いたなどの情報

重要成功要因（PSF）および関連KPI

モニタリングおよびイベント管理は、**サービス消費者に悪影響を及ぼす変化にサービス・プロバイダが気づかない、もしくはサービス消費者から連絡があって初めて気付くような事態を回避するためのプラクティス**と言えます。

モニタリングおよびイベント管理の目的を達成するための重要成功要因は、以下の3つです。

・イベントの種類と、そのイベントを検出するために必要なモニタリングのアプローチやモデルを確立・維持すること

サービスの状態が変化したことをエンド・ツー・エンドで把握し、イベントの種類に応じて適切な優先順位をつけて対処することが重要です。昨今では様々なサービスを組み合わせてサービス提供する場合も多く、各サービス間の連携部分や、ユーザ側から見たアクセス状況など、イベントの種類も多様化しています。そのために多くのデータを取得する必要がありますが、データの分類・分析に労力・時間を費やしてしまうことを避けるため、自動化ツールと機械学習を活用し、効率化を図ることが推奨されています。

・タイムリーで関連性のある監視データを利用できるようにすること

モニタリングおよびイベント管理において、正確性・整合性を備えたデータを収集することは、サービス品質や顧客体験を向上させる上で重要です。

タイムリーで関連性のある監視データを利用するためには、エンド・ツー・エンドの監視設計が重要となります。昨今ではクラウドサービスを使うことが当たり前になっており、サービスが複雑化していることから、監視する閾値や間隔などについて唯一の正解があるわけではありません。テストおよび運用の中で、最適な状態に改善していく日々の活動が不可欠です。

また、エンド・ツー・エンドの監視データは、レポート機能のインプットになるため、ダッシュボードなどで可視化することで、よりタイムリーに情報共有が可能となります。

・イベントを検出し、必要に応じて可能な限り迅速に対応できるようにすること

イベント管理の効率性は、サービスのアーキテクチャとサービスマネジメントの自動化レベルに大きく依存します。24時間対応で実施される業務のため、自動化により担当者の大幅な負荷軽減を図ることができます。イベント管理は、あらかじめ決められたルール・手順に従って処理することが比較的容易にできる業務のため、自動化を実施する前提で検討しましょう。

■ モニタリングおよびイベント管理のPSFとKPI※1

PSF	KPI
イベントの種類と、そのイベントを検出するために必要なモニタリングのアプローチやモデルを確立・維持すること	・モニタリングおよびイベント管理に対する利害関係者の満足度 ・アプローチに対する組織の順守度 ・実行不能なアプローチの割合
タイムリーで関連性のある監視データを利用できるようにすること	・モニタリングデータと、その閲覧性に対する利害関係者の満足度 ・モニタリングデータの品質（合意した品質基準に対する達成度）
イベントを検出し、必要に応じて可能な限り迅速に対応できるようにすること	・イベント管理エラーにより受けた影響 ・イベントコミュニケーションにおけるノイズの件数と影響 ・不十分なイベント管理によるインシデントの影響や、問題を防止または解決できなかった件数

プロセス① モニタリング管理の確立

モニタリングおよびイベント管理の主なプロセスは、「モニタリング管理の確立」「イベント管理の確立」の2つです。

「モニタリング管理の確立」は、**継続的にモニタリングを実施するための仕組みを構築**します。

■「モニタリング管理の確立」のフロー※2

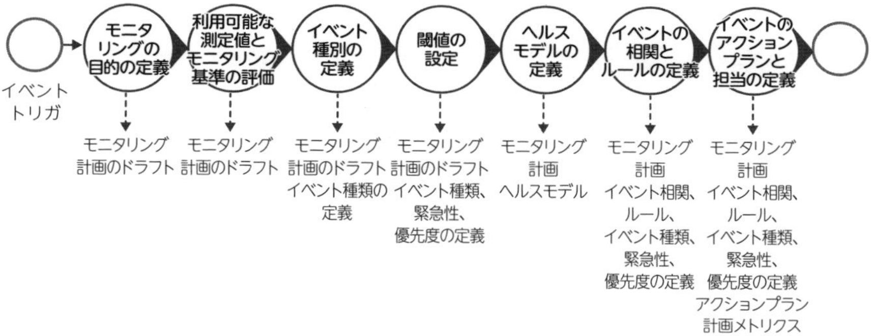

1. モニタリングの目的の定義

「何のためにモニタリングを実施するのか」について、その主要な目的を定義します。その際、可用性管理、キャパシティ管理、パフォーマンス管理、サービスレベル管理などのプラクティスを参照します。例えば、可用性管理の観点では、サービスダウンをいち早く検知することが目的の1つとなります。また、キャパシティ管理の観点では、サービス消費者が利用できるシステム容量が不足していないかを検知することが目的の1つになります。

目的は、サービス消費者の目線で考えることが重要です。例えば、「サービス消費者がサービスを利用できない状態をいち早く察知する」などが考えられます。この場合の監視手法は、サービス消費者の操作を疑似的に作り、定期的に監視する方法があります。

2. 利用可能な測定値とモニタリング基準の評価

目的が定義されても、測定できなければ意味がありません。モニタリングの項目を測定可能な測定値に関連付け、取得可否や追加要否を評価する必要があります。

ポイントは、目的を定義する前に、測定値の取得可否や追加要否を評価しないことです。順番が逆になると、「今、測定できることは何か」を優先し、本来の目的が排除されてしまう可能性があるからです。達成すべき目的によっては、新たにモニタリングの仕組みを作ってでも、測定値の取得が必要な場合もあることに注意しましょう。

3. イベント種別の定義

イベントをモニタリングの目的ごとに分類し、定義します。分類の例としては、「情報／警告／例外」や「機能／ユーザグループ／優先度」などが挙げられます。

4. 閾値の設定

イベントごとの閾値を設定します。定義されている既存のSLAと、可用性、キャパシティ、パフォーマンスの要件に応じて、閾値を設定します。例えば、「サービス応答時間が30秒未満」「ディスク容量が80%超過」「画面をクリックしてか

※2 Based upon AXELOS® ITIL ® materials. Material is used under licence from AXELOS Limited. All rights reserved.

ら次の画面に遷移するまでの時間が5秒未満」などです。また、閾値を設定する際には、イベントを処理する時間も考慮する必要があります。

5. ヘルスモデルの定義

サービス設計に基づき、サービス内の主要なイベントとユーザとを結ぶ「ヘルスモデル」を構築します。**ヘルスモデルとは、簡単に言うとユーザ目線で、サービスが正常に使えている状態を確認するモデル**です。

ヘルスモデルはユーザ体験を評価するのに役立つため、昨今では重要性が高まっています。例えば、あるユーザがオンラインショッピングのサイトにアクセスし、欲しい商品を購入・決済するまでの一連の操作を1つのモデルとして定義し、「その一連の操作が問題なくできているか」「一連の操作にかかる処理時間が適切か」などを監視します。

6. イベントの相関とルールの定義

イベントとイベント間の関係性（相関関係）と対応する一連のルールを定義します。例えば、「特定のシステムでAというイベントが発生した後、1分以内にBというイベントが発生した場合は、Cという処理を実施する」といったルールです。

7. イベントのアクションプランと担当の定義

イベントまたはイベントのグループごとに、イベントの影響を最小限に抑えるための対応策を定義します。また、対応策に基づいて、イベント後のアクションを担当するチーム・機能も合わせて定義します。

プロセス② イベント管理の確立

「イベント管理の確立」は、「モニタリング管理の確立」で構築された**モニタリングの仕組みを実際に運用する活動**です。

■「イベント管理の確立」のフロー※3

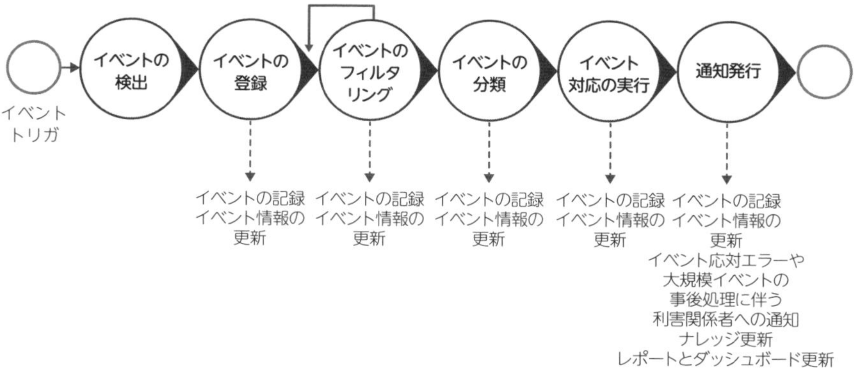

※3 Based upon AXELOS® ITIL ® materials. Material is used under licence from AXELOS Limited. All rights reserved.

1. イベントの検出

様々なサービス、システム、コンポーネントから、イベントを検出します。このとき、すべてのイベントを検出する必要はありません。重要なイベントや既存リソースの制約内で対処できるイベントのみを検出できる設計にしましょう。

2. イベントの登録

検出したイベントを登録します。コピー＆ペーストなど手作業で登録する場合もありますが、作業ミスを誘発する要因となるため、可能であればモニタリングシステムに自動的に登録することを推奨します。

3. イベントのフィルタリング

登録されたイベントを、事前に定めたルールに従ってフィルタリングし、処理します。例えば、あるサービスで計画停止などを実施する場合、その期間中にイベントを検知しても、対処不要（何もしない）という処理をします。

4. イベントの分類

イベントをグループまたはタイプに分類します。これは、次のアクションを誰がどのように実施するかを明確にするためです。例えば、サービス、システム、コンポーネント、部門、チーム、設置場所などの分類が考えられます。

5. イベント対応の実行

分類されたイベントごとにアクションプランまたは対応手順を定義し、その定義に従って実行します。即実行が必要で、かつ手順が明確な作業であれば、イベント管理担当者が実行します。

6. 通知発行

実行・モニタリングを担当するチームへ通知します。「イベント対応の実行」と同時に実施されるケースが多いです。

まとめ

- イベント管理は、最初にサービスの異変に気付くためのプラクティスで、継続的改善のインプットとして重要な情報を提供
- あらかじめルールを定義し、自動化を前提とした効率性の追求が必要

38 継続的改善

本節では、すべてのプラクティスに関連する「継続的改善」の目的、重要成功要因および関連KPI、そしてプロセスと活動について見ていきます。継続的改善は、マネジメントの仕組みを作るための中核となる活動です。

継続的改善の目的

継続的改善の目的は、**製品、サービス、プラクティス、さらに製品とサービスの管理に関係するあらゆる要素の継続的改善を通じて、組織のプラクティスとサービスを、変化するビジネスニーズに整合させること**です。「改善」と言えばPDCAサイクルが有名ですが、継続的改善プラクティスは、PDCAサイクルをより実践的に活用するためのガイドと考えると理解が深まります。

継続的改善は、SVSの1要素として、SVCに盛り込むステップとして、そして日々の改善活動を支援するプラクティスとして、あらゆるレベルで登場し、変化するビジネスニーズと提供するサービスを整合させることに貢献します。

■ 継続的改善の例

- **組織レベルでの改善**
  →組織全体の体制・役割分担を見直す（ソーシング戦略の見直し）
- **プロジェクトレベルでの改善**
  →既存サービスに新規機能を追加する
- **チームや個人レベルでの改善**
  →日々の作業から無駄を排除する

重要成功要因（PSF）および関連KPI

継続的改善は、**内部、外部の変化によって発生する課題に対応ができていない状況を解決するためのプラクティス**と言えます。VUCA時代では、変化に対する俊敏性、柔軟性が求められることもあり、重要性は益々高まっています。

継続的改善の目的を達成するための重要成功要因は、以下の2つです。

・継続的改善への効果的なアプローチを確立し維持すること

継続的改善モデル（P.115参照）で定義されている各ステップは、最初から順番に実行する必要はありません。組織の状況や環境に応じて開始するステップが違うことや、前のステップに戻って再検討が必要となる場合もあります。モデルを参考にしつつ、縛られすぎず柔軟に対応することで、効率的なアプローチを模索してください。

継続的に改善活動を実行するには、改善活動の規模に応じて「日々の業務として実施する」「プロジェクト化する」など、適切なアプローチを選択する必要があります。改善活動は「時間があればやろう！」ではなく、必須業務として位置付け、時間を確保して実施することが継続するためのポイントです。

・組織全体で効果的かつ効率的な改善を保証すること

継続的改善のプラクティスは、他のすべてのサービスマネジメントプラクティスに組み込む必要があります。継続的改善の結果は、組織内でサービス品質やコスト、スピードなどが改善されているかを評価する指標となります。

ITILでは、継続的改善の活動を効果的かつ効率的に実施するために、**継続的改善管理表（CIR：Continuous Improvement Register）**の活用を推奨しています。CIRは、管理・記録するために使用するデータベースまたはドキュメントのことで、改善提案に対する対応要否、優先順位、具体的なアクション、対応期限、責任者、担当者（リソース）などを可視化する目的で利用されます。

■CIRの例

#	改善案	優先順位	対応要否	想定作業量	対応期限	ステータス	対応責任者	対応チーム	登録日	更新日
1	ネットワーク速度の向上	2	要対応	中	2023/8/31	保留	責任者A	インフラ	2023/6/1	2023/6/15
2	サービスデスクのセルフヘルプ改善	3	要対応	中	2023/9/30	保留	責任者A	サービスデスク	2023/6/20	2023/6/20
3	セキュリティおよび監査対応の向上	1	要対応	大	2023/7/31	対応中	責任者A	インフラ、セキュリティ情シス	2023/6/15	2023/6/25
…	…									

■ 継続的改善のPSFとKPI※1

PSF	KPI
継続的改善への効果的なアプローチを確立し維持すること	・改善活動から価値を得るための組織の能力に対する利害関係者の満足度 ・組織全体における継続的改善アプローチの認識と採用 ・継続的改善文化の組織全体への導入
組織全体で効果的かつ効率的な改善を保証すること	・投資利益率および投資価値 ・改善が成功した割合 ・改善活動が計画通りのスケジュール、コスト、その他計画値内で実現された割合 ・改善活動がネガティブな結果となった割合 ・継続的改善の生産性指数

プロセス　継続的改善の管理

継続的改善の主なプロセスとなる、「継続的改善の管理」について説明します。継続的改善の管理では、**改善の機会を特定し、優先度の高いものから実行する一連の活動**を実施します。

■「継続的改善の管理」のプロセス※2

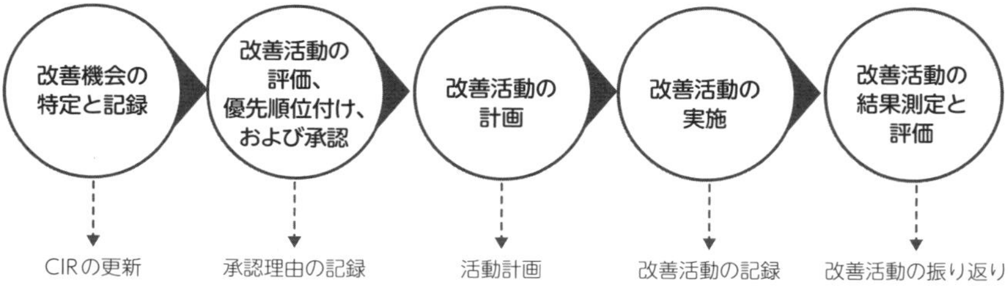

1. 改善機会の特定と記録

改善のアイデアを出すことは、サービス提供者だけでなく関係者すべてに求められます。アイデアが出た場合は、現状の理解や将来に対する要望を踏まえて議論を行い、改善案としてCIRに記録します。この活動は、組織内で改善を定着化させる文化を醸成するためにも重要な取り組みです。

2. 改善活動の評価、優先順位付け、および承認

コストの低下、顧客体験の向上、リスクの軽減などを改善によって実現するには、優先順位に従い、最も重要な改善活動のために資金とリソースを確保する必要があります。

そこで通常は、費用対効果、実現可能性、リスクなど複数の観点で評価を実施し、優先順位付けを行います。また、その結果をもとに組織内の意思決定者に改善の必要性を説明し、承認を得ます。

改善活動の内容によっては、予算を承認するスポンサが異なるケースがあります。また、日々の運用保守範囲内として対応するか、プロジェクト化するかの判断が異なることもあるでしょう。このような場合は、各組織のルールに従いながら、「プロジェクト管理」や「変更実現」（P.202参照）などのプラクティスとの組み合わせを考えましょう。

3. 改善活動の計画

改善活動の優先順位に従い、必要なリソースと時間を含めた計画を作成します。ここで作成する計画には、プロジェクト計画、変更の計画、小規模な作業の計画など、様々な種類があります。

4. 改善活動の実施

改善活動計画をタスクに落とし込み、適切な方法論などを参照しながら改善を実施します。改善活動がウォーターフォールとアジャイルのいずれの場合でも、実行可能なレベルまでタスクを詳細化した上で実行することがポイントです。

5. 改善活動の結果測定と評価

改善の実証・検証のため、利害関係者に実施結果を共有します。改善結果をKPIなどと比較することにより、達成したい成果が得られたのかについて、CIRをベースに測定・評価します。

まとめ

- **継続的改善は、組織内のあらゆる改善を管理・推進するプラクティス**
- **継続的改善は必須の重要業務と捉え、すべての関係者が改善アイデアを出し、議論できるような文化を醸成していくことが大切**

COLUMN ナレッジを可視化し、業務継続性を保証する

日本全体の少子高齢化の流れと同様、ITの現場でも高齢化が進んでいます。最近では、定年退職などによる離職により、特定の人が持っている業務やITのナレッジが失われてしまい、業務継続性に問題が発生している例も見受けられます。

ITILは、これらを回避する上で非常に効果的なプラクティスを提供しており、その1つがナレッジ管理です。本コラムでは、ナレッジ管理を実践する方法について、いくつかご紹介いたします。

■ナレッジ共有の目的と方法（例）

ナレッジ	目的	主な使用対象	共有方法
よくある問い合わせ（FAQ）	・ユーザの利便性向上 ・ヘルプデスクの工数削減	・ユーザ ・サービスデスク など	・ポータル
ユーザーマニュアル			・ポータル ・トレーニング
業務マニュアル ・各種設計書 ・ガイドライン ・プロセスフロー ・手順書 ・チェックリスト ・判断基準、ルール	・品質を担保した安定・安全な運用保守	・運用保守担当者 など	・ポータル ・ファイルサーバ ・トレーニング など
モジュール／システム連携図	・変更および障害対応時の正確な影響度の把握、システム整合性の確保		
重大障害からの振り返り	・再発の防止および予防保全	・関係者	・ポータル ・振り返り会 など
他社事例／最新動向（テクノロジー／業界）	・トレンド把握および中長期的な施策検討の知識獲得	・IT企画 ・運用保守担当者 など	・勉強会 など

上記以外にも、適切なタイミングで、適切な人が、適切な情報にアクセスできるように、以下のようなルールも合わせて検討しましょう。

■ナレッジ体系化のルール（例）

・ITサービス提供に必要な標準ドキュメント体系（ナレッジ充足度の可視化）
・ドキュメントを格納するためのフォルダ体系（ナレッジ格納先の可視化）
・最新のドキュメントを把握するための変更ルール（最新ナレッジの可視化）

6章

バリューストリーム
新サービス導入

本章では、バリューストリームの1つである「新サービス導入」と、その実践に活用するプラクティスを確認していきます。本章で取り上げるプラクティスは、「事業分析」「サービスデザイン」「ソフトウェア開発および管理」「インフラストラクチャおよびプラットフォーム管理」「変更実現」「サービスの妥当性確認およびテスト」「リリース管理」「展開管理」「サービス構成管理」です。

39 新サービス導入とは

本節では、バリューストリームの1つである「新サービス導入」について、各活動の概要を説明します。新サービス導入を通して、各プラクティスがどのように活用されるか、その関係性についても触れていきます。

新サービス導入とは

新サービス導入は、**顧客からのサービス要件を認識するところから、サービス設計・構築を経て、サービスを顧客とユーザにリリースするまでの一連の活動**を指します。

■ 新サービス導入の流れとSVC※1

#	活動のステップ	SVCのステップ
①	サービス要件を認識し、文書化する	エンゲージ
②	新しいサービスに投資するかを決める	計画
③	顧客要件に合わせて新しいサービスをデザインおよび設計する	設計および移行
④	サービス・コンポーネントを構築、構成または購入する	取得／構築
⑤	サービス・コンポーネントを展開する	設計および移行
⑥	顧客およびユーザにサービスをリリースする	提供およびサポート

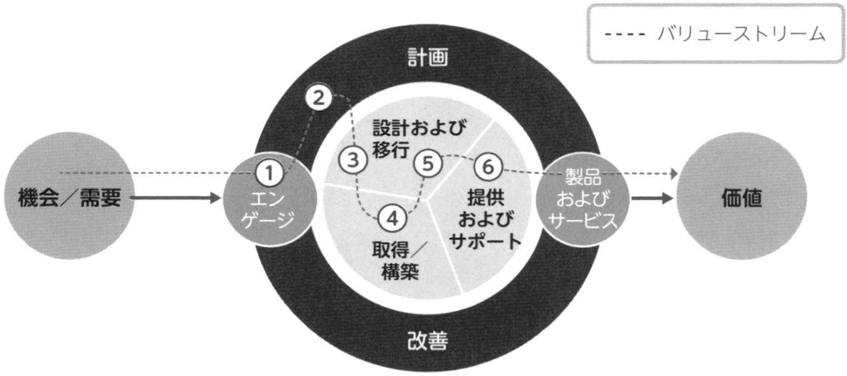

※1　Based upon AXELOS® ITIL ® materials. Material is used under licence from AXELOS Limited. All rights reserved.

新サービス導入のプラクティス

新サービス導入に各プラクティスがどのように関連するかを見ていきましょう。なお、関連するプラクティスはあくまで参考例です。適用する際には、組織にとって最適な形でカスタマイズすることが重要となります。

① サービス要件を認識し、文書化する

<プラクティス> [事業分析 (P.182)] [サービス構成管理 (P.224)]

新しいサービスに対する需要は、サービス消費者、機会を発見した事業部門、経営陣、規制当局など、様々な利害関係者から発生します。最初のステップでは、これらの需要に対して求められるサービス要件を収集・評価するための文書を作成します。この文書を、**ビジネスケース**（企画書）と言います。

ビジネスケースは、組織内で承認を得るために必要な、サービス概要、費用対効果、リスク、実行スケジュール、体制などの情報を記載するのが一般的です。

② 新しいサービスに投資するかを決める

<プラクティス> [事業分析 (P.182)] [ソフトウェア開発および管理 (P.192)] [インフラストラクチャおよびプラットフォーム管理 (P.196)]

文書化したビジネスケースを基に、得られる価値、費用対効果、実現可能性、リスクなどを明確にし、内容をより具体化していきます。この活動では、要望を上げた当事者とその他利害関係者が参加するワークショップなどを通じて、議論を重ねていきます。議論の際には、アプリケーション、インフラストラクチャ、事業などといった、多様な観点から検討を行う必要があります。最終化されたビジネスケースは経営層で検討され、承認するか否かが決定されます。

③ 顧客要件に合わせて新しいサービスをデザインおよび設計する

<プラクティス> [サービスデザイン (P.186)]

新しいサービスの要件を設計し、仕様へと具体化します。この具体化された設計と仕様をまとめたものを、**サービスデザイン・パッケージ**と言います。サービスデザイン・パッケージを設計する際には、ビジネスケースの作成と同様に、事業、アプリケーション、インフラなどの観点で設計する必要があります。

④ サービス・コンポーネントを構築、構成または購入する
<プラクティス>［サービスの妥当性およびテスト（P.208）］

サービスデザイン・パッケージが完成したら、そのサービス・コンポーネントを構築、構成または購入します。さらに、それらが要件を満たしているかのテスト・検証を行います。

サービス・コンポーネントとは、サービスを構成する要素を指します。例えば、ソフトウェア、サーバ、ネットワークなどの技術的な要素もあれば、新しいチーム、役割分担、トレーニング文書、ベンダ契約など、技術以外の要素あります。

⑤ サービス・コンポーネントを展開する
<プラクティス>［変更実現（P.202）］［展開管理（P.218）］

サービス・コンポーネントの構築、構成または購入が完了したら、新規サービスをいよいよ稼働環境に展開します。新サービス導入時には稼働中の製品やサービスと連携するケースも多いため、それらの修正によって生じる影響も評価した上で、展開方法を検討します。また、リリース計画の作成、利用者へのアナウンスなど、コミュニケーション計画も合わせて実施します。

⑥ 顧客およびユーザにサービスをリリースする
<プラクティス>［リリース管理（P.212）］

リリース計画やコミュニケーション計画に従って、サービスをリリースします。これにより、サービス消費者がサービスを利用できる状態になります。リリース直後は、問い合わせや障害などが通常以上に発生する可能性が高いため、初期導入サポート体制を構築し、サポートする場合もあります。

新サービス導入におけるVSM活用例

新サービス導入のバリューストリームを例に、VSM（P.125参照）に沿った活用方法を紹介します。本事例の企業では、Eコマースサービスの開発および導入期間が長期化する傾向あり、より効率的に業務を進めていく必要性に迫られていました（ステップ1：問題の特定、ステップ2：スコープの設定）。

・VSMによるバリューストリームの可視化および分析

VSMを活用して、以下のようにプロセスの可視化（ステップ3）と、現状の分析・評価（ステップ4）を実施します。

■ VSMによる整理と分析

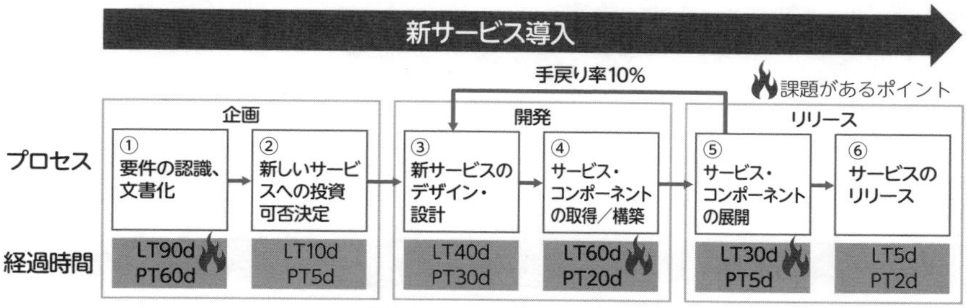

LT（リードタイム）：工程が開始されてから次の処理に移るまでの時間
PT（プロセスタイム）：工程の中で実際に手を動かしている時間

・改善点の洗い出し

結果、以下のような改善点が明らかになり、費用対効果の観点からクラウド活用を最優先で進めることになりました（ステップ5：改善点の洗い出し、ステップ6：改善案の優先順位付け）。

■ 改善点の例

・サービス要件を整理する期間を短縮するために、短期集中合宿を行う
・サービス構築コストおよび期間を短縮するために、クラウドを活用する
・サービス展開を迅速に実施するために、自動化の仕組みを構築する

このように、VSMを活用することで、バリューストリーム全体を通じた価値の向上を実現することができます。

まとめ

- 新サービス導入は、様々なプラクティスを参照して設計される
- バリューストリームは、各組織で最適な形にカスタマイズすることが重要

40 事業分析

事業分析は、「事業全体として解決しなければならないことは何か」を明確にするプラクティスです。事業の一部または全体を分析し、その事業に対するニーズを解決するためのソリューションを検討します。

事業分析の目的

事業分析の目的は、**事業またはその何らかの要素について分析とニーズの定義を行い、定義したニーズへの対応やビジネス上の問題解決を実現するソリューションを推奨すること**です。「事業全体として解決しなければならないことは何か」を明確にすることで、変更の根拠を明示できるほか、組織の達成目標に沿ったソリューションを設計することにも貢献します。

事業分析は以下のように、様々なバリューチェーン活動のインプットとして影響を及ぼします。

■ バリューチェーン活動への貢献

計画：事業としての達成目標や方針など、戦略的な意思決定の実施
改善：事業戦略および戦術レベルの課題に対する分析
エンゲージ：事業要件を収集および理解する際のコミュニケーション
設計および移行：事業の正確な要件を収集し、優先順位付け、分析することで、質の高いソリューションを設計
取得／構築：事業が求めるニーズに合致したソリューションを定義・合意
提供及びサポート：サービス提供によって得られるデータの事業観点での分析

重要成功要因（PSF）および関連KPI

事業分析は、**サービスによって価値創造を実現するにあたり、ITの視点（システムやソフトウェアなど）が中心となった結果、事業要件が不十分となり、組織目標が達成できない状況を回避するためのプラクティス**と言えます。

事業分析の目的を達成するための重要成功要因は、以下の2つです。

・事業分析における組織全体のアプローチを確立し、継続的に改善して、一貫した効果的な方法で実施されるようにすること

組織全体として、事業分析における標準的なアプローチとモデルを確立します。例えば、事業の強み、弱み、機会、脅威を整理・分析する手法である**SWOT分析**や、顧客やユーザが求めるニーズを整理・分析するための**ユーザストーリー**などがあります。対象の特性に応じたアプローチを検討することで、製品やサービスのポートフォリオ全体で一貫したアプローチを組織がとれるようにしましょう。

・組織とその顧客の現在および将来のニーズが理解され、分析され、タイムリーで効率的かつ効果的なソリューション提案によってサポートされるようにすること

事業分析は、現在と将来の状態、そして提案を実現するために必要な手順を明確化し、顧客がその分析結果を基に意思決定できるよう支援します。この際に用いられるツールには、ビジネスケース（P.179参照）などがあります。

■ 事業分析のPSFとKPI※1

PSF	KPI
事業分析における組織全体のアプローチを確立し、継続的に改善して、一貫した効果的な方法で実施されるようにすること	・組織のニーズを理解し、ソリューションを用いて解決する組織力に対する、利害関係者の満足度 ・計画または実施したソリューションが組織の戦略と一致していなかった件数と影響 ・事業分析に関わるコストとリスク
組織とその顧客の現在および将来のニーズが理解され、分析され、タイムリーで効率的かつ効果的なソリューション提案によってサポートされるようにすること	・計画されたソリューションに対する利害関係者の満足度 ・実施されたソリューションで実現された価値 ・分析とソリューション提案の適時性 ・提案されたソリューションの件数、割合、効果

◎ プロセス① 事業分析アプローチの設計と保守

事業分析の主なプロセスは、「事業分析アプローチの設計と保守」「事業分析とソリューションの特定」の2つです。

「事業分析アプローチの設計と保守」は、**組織内の事業分析アプローチを定義し、アプローチの開発と継続的改善を行う活動**です。

■「事業分析アプローチの設計と保守」のフロー※2

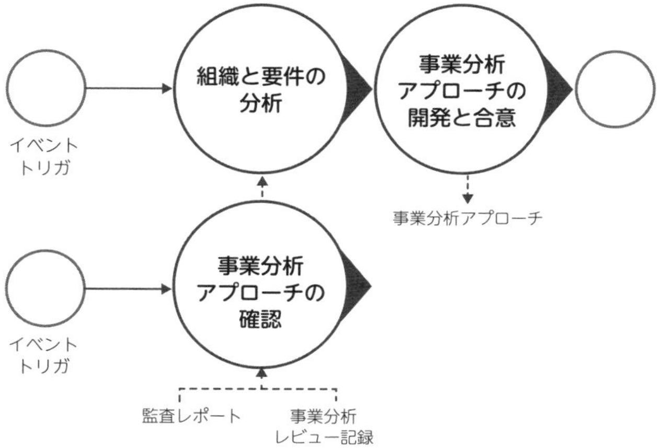

1. 組織と要件の分析
組織のリーダーは、組織全体における事業分析の役割や範囲、組織内での位置付けを定義します。事業分析には、CIO、サービスオーナー、アーキテクト、ビジネスアナリストなど、様々な利害関係者が関与します。

2. 事業分析アプローチの開発と合意
各利害関係者は、事業分析の範囲、方法論や技術、手順、責任などを含む、組織全体の事業分析アプローチを開発・合意します。

3. 事業分析アプローチの確認
各利害関係者は、事業分析の記録、定期的なレビュー、監査報告書に基づいて、事業分析手法の効果をレビューし、「組織と要件の分析」活動に情報を提供し、必要に応じて変更を促します。

プロセス② 事業分析とソリューションの特定

「事業分析とソリューションの特定」は、**事業分析を実行し、ソリューションを特定する活動**です。この活動はすべて、ビジネスアナリストが中心に行います。

※2 Based upon AXELOS® ITIL ® materials. Material is used under licence from AXELOS Limited. All rights reserved.

■「事業分析とソリューションの特定」のフロー※3

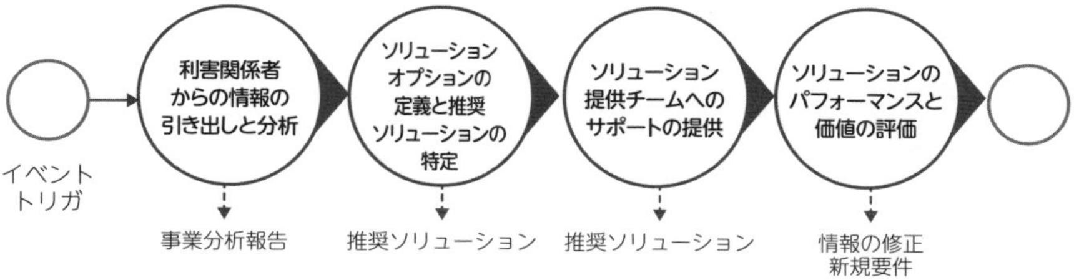

1. 利害関係者からの情報の引き出しと分析

主要な利害関係者と協力し、ニーズや要件について情報を収集します。これは、インタビューや観察、文書や記録の調査、ワークショップなどの形式で実施します。また、事業分析レポートを作成することで、ソリューションの提供とサポート全体で要件の検証を可能にします。

2. ソリューションオプションの定義と推奨ソリューションの特定

関連する各領域の専門家と共に、既存のビジネスニーズとのギャップに対処するための2つ以上の代替ソリューションを作成し、比較分析を実施します。また、決定を下す当事者に対して、ソリューションと、推奨するオプションの正当化根拠を提示します。

3. ソリューション提供チームへのサポートの提供

ビジネスアナリストは、デザイナーや開発者、品質保証・展開・運用などの各チームが事業要件を理解し、実現するのを支援します。また、ソリューションの提供と、運用中のコミュニケーションにも必要に応じて関与します。

4. ソリューションのパフォーマンスと価値の評価

ソリューションの運用を評価し、利害関係者にもたらす価値をモニタリングします。実現された利益を要件と事業目標に照らし合わせ、改善が必要な場合は新しい改善タスクを継続的改善一覧に登録します。

さらに、サービスバリュー・チェーンの提供とサポート活動全体でのビジネス要件の変更を管理します。

まとめ

- **事業分析は、ビジネスニーズへの対応、ビジネス上の問題解決を行うため、事業もしくはその要素を分析する**
- **事業分析は他のプラクティスと連携し、組織の達成目標に沿った価値創出を可能にするソリューションの設計を実現する**

41 サービスデザイン

サービスデザインは、サービス戦略やビジネス要件をもとに、顧客体験（CX）やユーザ体験（UX）に重点を置き、顧客の求める成果を提供するサービスを設計するプラクティスです。

サービスデザインの目的

サービスデザインの目的は、**目的に適し、使用に適し、さらに組織とそのエコシステムによって提供できる製品・サービスを設計すること**です。サービスデザインは、顧客体験（CX）とユーザ体験（UX）に重点を置き、需要から価値実現までのカスタマー・ジャーニー（P.232参照）を快適でスムーズなものにして、顧客の求める成果を提供することを保証します。

例えば、顧客管理サービスを導入したい営業部門の場合を考えてみましょう。まずは営業部門が求める要件（機能要件、非機能要件など）を以下のように定義し、それを実現するためのサービスを設計します。その際、サービスデザインは他のプラクティスと密に連携します。

■ サービスデザインと連携する他のプラクティスの例

- **サービスレベル管理**
  （例）サーベルレベルをモニタリングするためのプロセス設計
- **サービス継続性管理**
  （例）バックアップ・リストア、復旧方式の設計
- **キャパシティ・パフォーマンス管理**
  （例）容量や処理時間、レスポンス時間などの設計
- **情報セキュリティ管理**
  （例）ユーザ認証・認可の方式や、ID管理の設計
- **インシデント管理**
  （例）求められる時間内にサービス復旧可能な可用性設計

また、製品・サービスの設計は、個々のサービス単体ではなく、組織全体のSVSと連携させることが重要です。組織全体で最適化を図るために、以下のような観点で現状把握を行った上で、サービス設計を行いましょう。

■ 現状把握の観点

・他の製品またはサービス
・顧客、サプライヤを含むすべての関係者
・既存のアーキテクチャ
・利用中および利用予定の技術
・サービスマネジメント・プラクティス
・サービス品質の測定基準、測定値
・他サービスへの影響

重要成功要因（PSF）および関連KPI

サービスデザインは、**サービス全体としての設計に整合性がなかったり、検討漏れが発生したりすることにより、要件を満たさない、または何度も手戻りが発生することを回避するためのプラクティス**と言えます。

サービスデザインの目的を達成するための重要成功要因は、以下の2つです。

・サービス設計における組織全体のアプローチやモデルを確立・維持すること

サービスデザインのアプローチは、組織の戦略や目標によって異なります。組織全体として様々な製品・サービスを設計する必要があるため、複数のサービスデザインアプローチが存在する可能性があります。

しかしながら、各サービスで個別のアプローチを採用していては、非効率かつ属人的な対処となってしまいます。そのため、組織全体としての標準アプローチを定義する必要があります。

設計のポイントは、効率性と柔軟性のバランスを取ることです。例えばアプローチの種類として、ウォーターフォール型とアジャイル型が考えられます。要件が確定して変動要素が低いサービスであれば、効率性を重視し、ウォーターフォール型で基本設計・詳細設計などを進めていくアプローチを採用することが考えられます。一方で要件の変動要素が大きく、まずは必要最小限の機能でクイックにリリースしたい場合は、柔軟性を重視し、アジャイル型のアプローチを採用するとよいでしょう。

・サービスが目的に合致し、使用に適していることを保証すること

効果的なサービスデザインを実現するために、類似のアプリケーション設計であれば、既存のモデルを活用することを推奨します。これまでの経験やナレッジを活用することで、使用に適していることが保証されます。

ITILでは、サービス設計をモデル化したものを**サービスデザイン・パッケージ（SDP）**と呼びます。例えば、ウォーターフォール型のSDPであれば、各工程で作成する成果物に該当するような要件定義書、基本設計書、詳細設計書、運用設計書などの成果物を標準化し、各成果物に記述すべき項目とそのイメージをテンプレートとして準備しておきます。

革新的なサービスを設計する場合は、新しいアプローチが必要になる可能性があります。サービスライフサイクルの早い段階から設計モデルを検討することが重要になります。

■ SDPの例

名称	概要
各種設計書	要件定義書、基本設計書、詳細設計書など
サービスカタログ	グローバル標準で提供されるアプリケーションや運用サービスなど、サービスのメニュー（一覧）
標準ルール	すべての関係者が遵守すべきルール（内部統制、セキュリティ、行動指針など）
標準ITSMプロセス	標準で定義されたITサービスマネジメント設計書（プロセスフロー、役割分担など）
KPI・報告書	標準KPIおよびダッシュボード、報告フォーマット
各種申請フォーム	サービス利用に必要なアカウントや環境設定などの申請フロー、申請フォーマット
標準ITSMツール（データモデル）	標準で定義されたITサービスマネジメントツールのデータモデル（管理項目）

■ サービスデザインのPSFとKPI※1

PSF	KPI
サービス設計における組織全体のアプローチやモデルを確立・維持すること	・組織全体における製品ポートフォリオに対するサービスデザインアプローチの厳守 ・組織の製品ポートフォリオの目的適合性 ・サービスデザインアプローチに対する利害関係者の満足度 ・デザインによって変革を行う組織能力に対する利害関係者の満足度
サービスが目的に合致し、使用に適していることを保証すること	・製品とサービスが実用性と保証の要件を満たしていること ・サービスデザインモデルとメソッドに対する利害関係者の満足度 ・製品とサービスデザインに関する組織能力に対する利害関係者の満足度 ・サービスデザインの投資効率に対する利害関係者の満足度

プロセス① サービスデザインの計画

サービスデザインの主なプロセスは、「サービスデザインの計画」「サービスデザインの調整」の2つです。

「サービスデザインの計画」は、**サービスデザインの計画を作成する活動**です。このプロセスの各活動は、サービスオーナーやアーキテクトを含むデザインチームを中心に行われます。

■「サービスデザインの計画」のフロー※2

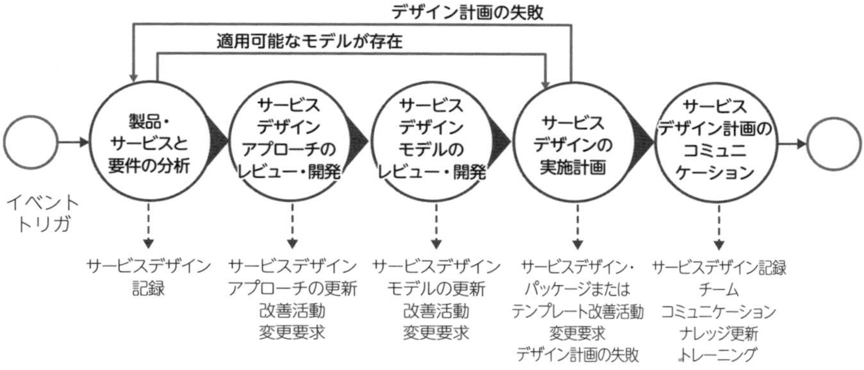

1. 製品・サービスと要件の分析

サービスデザインのアプローチに影響を与える新しい要件、または変更された要件を分析します。その結果に基づいて、新しいサービスデザインアプローチを定義するか、既存のアプローチを活用するかを明確にします。

2. サービスデザインアプローチのレビュー・開発

既存のサービスデザインアプローチとのギャップ分析を実施し、対象サービスに適したアプローチ（ウォーターフォールモデル、アジャイルモデルなど）を開発、または更新します。

3. サービスデザインモデルのレビュー・開発

上記で合意したアプローチに基づいて、サービスデザインモデルをSDPとして定義または更新します。対象サービスの要件を評価し、サービスの更新頻度、必要なナレッジ、アーキテクチャ、製品・サービスの利用環境、SLA、ポリシー・財務的制約などを検討します。また、既存のサービスデザインモデルがこのサービスをサポート可能か評価し、新しいモデルを使用するか、既存のモデルを使用するかを決定します。

4. サービスデザインの実施計画

サービスデザインの実施において、要件定義に使用する方法論、ユーザとのコミュニケーション方法、フィードバックの取得方法、パートナやサプライヤとの調整方法、財務計画と予算管理の方法などを計画します。

5. サービスデザイン計画のコミュニケーション

サービスデザイン計画、SDP、サービスデザインの方法と手順について、関係者とどのようにコミュニケーションしていくのかを計画します。

● プロセス②　サービスデザインの調整

「サービスデザインの調整」は、**サービスデザインの計画に従って、サービスデザインを実行する活動**です。このプロセスの各活動も、サービスオーナーやアーキテクトを含むデザインチームを中心に行われます。

1. 適用可能なモデルまたは計画の特定

サービスの要件、サービスの複雑さ、対象サービスと既存のサービスの相互依存関係、対象サービスの設計に必要な予算とリスクを評価した上で、既存のサービスデザインモデルを選択します。新しいモデルが必要であれば、「サービスデザインの計画」のプロセスを開始します。

■「サービスデザインの調整」のフロー※3

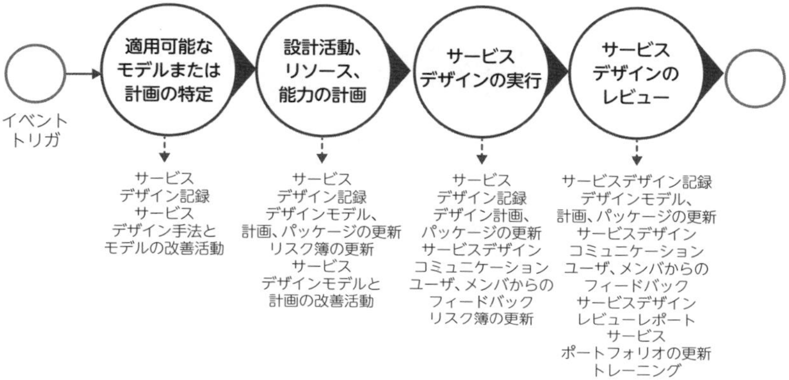

2. 設計活動、リソース、能力の計画

サービスデザインモデルに基づいて、設計活動を計画し、関与するチームを特定し、リソース割り当てを計画・要求します。既存サービスの機能追加であれば、組織内のリソースや現行のサービス・プロバイダから要員計画を立てることで対応できます。組織内で対応が難しい新規サービスの場合は、新規のサービス・プロバイダも含めた調達が必要となります。

3. サービスデザインの実行

サービスデザイン計画を実施します。また、サービスデザインに関与するチームとリソースの調整、要件の追跡、コミュニケーションの管理などを行い、状況を把握します。

4. サービスデザインのレビュー

標準と規約に対するサービスデザインのレビューを実施し、SDPの合意された要件がすべて正しく完了されたことを確認するために、ナレッジベースを更新し、ログに記録します。

まとめ

- **サービスデザインは、サービス戦略で明確にした要件をもとに、効果的・効率的にITサービスを設計すること**
- **サービスデザインは他のプラクティスと連携するため、個々の要素を変更または修正する際には、組織全体に鑑みて設計することが重要**

※3 Based upon AXELOS® ITIL ® materials. Material is used under licence from AXELOS Limited. All rights reserved.

42 ソフトウェア開発および管理

ソフトウェア開発および管理は、アプリケーションの機能性、信頼性などの要件が社内外の利害関係者の要件を満たしているか確認し、要件を満たしたアプリケーションの開発、保守を含むライフサイクル全体の管理を行うプラクティスです。

ソフトウェア開発および管理の目的

ソフトウェア開発および管理は、**アプリケーションの機能性、信頼性、メンテナンス性、コンプライアンスと監査要件が、社内外の利害関係者の要件を満たしているか確認すること**を目的とします。本プラクティスは、アプリケーションのライフサイクル全体が適用対象となりますが、アプリケーションを開発する際に必要となるインフラ基盤にも適用可能な要素が多く含まれています。

ソフトウェア開発および管理には大きく分けて、「ソフトウェア開発」と「ソフトウェア保守」があります。ソフトウェア開発とは、**要件に従いアプリケーションを設計、開発、テストすること**です。一方で、ソフトウェア保守は、**修正や改善を目的とした開発により、アプリケーションを改修すること**です。従来、これらは別のものとして管理されていましたが、昨今ではアプリケーションが定常的に変更されることが一般的となり、保守についても開発として管理されるケースが増えてきています。

重要成功要因（PSF）および関連KPI

ソフトウェア開発および管理は、**アプリケーション開発のみが注目され、サービス導入後の保守が軽視されることを防ぐために、ライフサイクル全体に注目し、開発と管理の仕組みを俯瞰的に捉えるプラクティス**と言えます。

ソフトウェア開発および管理の目的を達成するための重要成功要因は、次の2つです。

・ソフトウェア開発および管理のアプローチを組織横断で合意・改善すること

ソフトウェアの開発および管理においては、各製品に応じたベストなアプローチを戦略的に設計することが重要です。製品ごとに開発アプローチを設計するのは個別最適化を生む原因となるため、組織横断でいくつかのアプローチを選定し、合意します。

開発アプローチを戦略的に設計するには、要件の明確さと、完成させるべき開発作業の総量、それを遂行するためのスピードとリソースに関する情報の正確な把握が必要です。

■ ソフトウェア開発アプローチの例

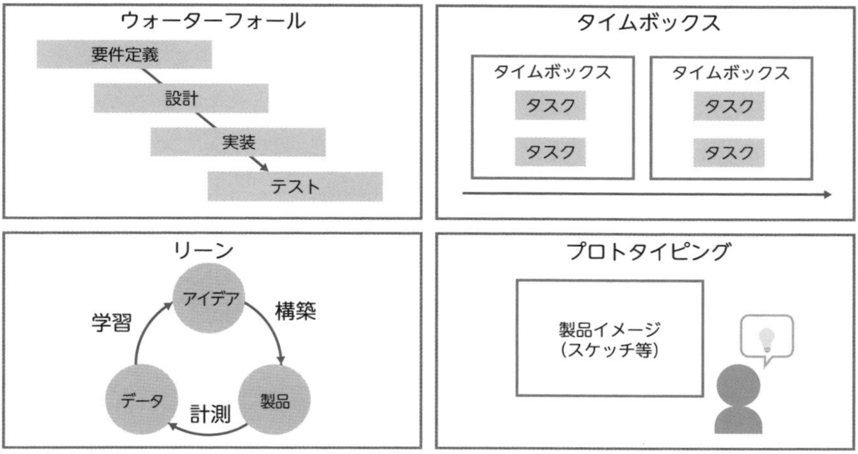

・組織のライフサイクルを通じたソフトウェア要件とソフトウェア品質基準を継続的に満たすこと

ソフトウェアは、保守しなければ品質が低下します。適切なメンテナンスを実施するために、バージョン管理、コーディング規約や完了基準の定義、テストの自動化などを仕組みとして確立し、継続的に品質基準を満たすことで、技術的負債(暫定対応を取り続けたことにより積みあがった改修にかかるコスト)を最小化する必要があります。

■ ソフトウェア開発および管理のPSFとKPI[※1]

PSF	KPI
ソフトウェア開発および管理のアプローチを組織横断で合意・改善すること	・ソフトウェア開発および管理のアプローチに対する利害関係者の満足度 ・開発チームが定義されたアプローチを順守している割合 ・定義されたアプローチに基づき変更要求が承認された割合に対する利害関係者の満足度 ・ソフトウェア開発および管理プラクティスにおける改善活動 ・内部および外部からの要求事項、ポリシー、法令にアプローチが準拠しているか
組織のライフサイクルを通じたソフトウェア要件とソフトウェア品質基準を継続的に満たすこと	・アプリケーションが提供する価値に対する利害関係者の満足度 ・内部および外部からの要求事項、ポリシーにアプリケーションが準拠しているか ・ソフトウェアの変更頻度、提供スピード、信頼性 ・コスト ・技術的負債(修正に要するコストなど) ・リソースの使用率(コンピュータ、ネットワーク、ストレージなど) ・ソフトウェアの可用性(MTTR、MTBF) ・セキュリティ侵害、監査などにかかる費用

プロセスと活動

ソフトウェア開発および管理のプロセス設計には、ウォーターフォール型のVモデルだけでなく、反復的なスクラム、漸進的なスパイラルモデルなど、様々なモデルを使うことができます。多くの場合では、サービス提供者は自社のサービスにあった開発モデルを1つまたは複数選定し、最適なプロセスを設計します。

ソフトウェア開発および管理は、技術的マネジメント・プラクティスに含まれており、ソフトウェアという技術を軸にプラクティスが整理されています。多くのプラクティスとは異なり、ソフトウェアの開発モデルによって活動の流れが異なるため、各モデルに対する詳細なフローまではプラクティス内で定義されていません。よって、各サービスモデルの具体的なプロセスについて学びたい方は、それぞれの専門書を別途参照することをおすすめします。

ここでは、ソフトウェア開発および管理で定義されている主な活動(概要)を紹介します。

■ ソフトウェア開発および管理の主な活動※2

活動	主な担当者	概要
製品計画と優先順位付け	顧客	新規の製品要望をプロジェクトマネージャーまたは開発チームリーダーに提出する
ソフトウェア設計	ソフトウェア開発者	ソフトウェアの開発、変更に応じた技術的要件を設計する
新規コード開発	ソフトウェア開発者	アプリケーションの開発、単体テストの実施、品質チェック行う
バグ対応	ソフトウェア開発者	バグをプロジェクト管理者に報告し、対応に必要なリソースを確保した上で、ソフトウェアコードを改修する
技術的負債管理	ソフトウェア開発者	技術的負債となっている作業を分析し、ソフトウェアコードやアーキテクチャを改変する
コードレビュー	ソフトウェア開発者	コードをレビューする（対象のコードを書いていない人が少なくとも一人は参加するのが望ましい）
コードリファクタリング	ソフトウェア開発者	メンテナンス性やソース効率性向上のために、ソースコードの外部的な動作を変えることなくソースコードの書き換えを行う
分析および提案	ソフトウェア開発者	バックログを分析し、新しいバックログタスクを提案する
定例会議と改善活動	ソフトウェア開発者または開発チームリーダー	定例会議に出席し、他のチームメンバーとやり取りすることで、タイムリーな情報交換やリスク管理、課題に対する改善活動が実施されるよう働きかける
ソフトウェア運用と保守の自動化	ソフトウェア開発者	運用と保守の業務を効率化することを前提に、プロジェクト導入時にソフトウェアの運用と保守を自動化できるツールセットを導入する
開発環境管理	開発チームリーダー	開発環境が開発チームに提供されていることを確認する。また、開発後の運用と保守における環境についても合わせて管理する
バージョン管理	開発チームリーダー	バージョン管理ルールとツールセットを導入し、チームメンバー間でコードの追跡が可能な状態にする

まとめ

- **ソフトウェア開発および管理は、アプリケーションの機能性、信頼性などの要件が、社内外の利害関係者の要件を満たしているか確認すること**
- **開発のみに焦点を当てるのではなく、保守も含めたアプリケーションのライフサイクル全体で最適化を図ることが重要**

43 インフラストラクチャおよびプラットフォーム管理

インフラストラクチャおよびプラットフォーム管理は、柔軟かつ拡張性が高く将来の需要に応えられるように、組織が使用するインフラストラクチャとプラットフォームを監視するためのプラクティスです。

インフラストラクチャおよびプラットフォーム管理の目的

インフラストラクチャおよびプラットフォーム管理は、**組織が使用するインフラストラクチャとプラットフォームを監視すること**を目的としています。インフラストラクチャは、「ITサービスの開発、テスト、提供、監視、管理、サポートに必要なすべてのハードウェア、ソフトウェア、ネットワーク、および設備」と定義されます。

本プラクティスでは、システムやサービスの需要に応じて、サーバやネットワークなどのインフラストラクチャを調達・設定し、必要なインフラストラクチャの環境を用意します。また、多くの場合では、標準化・自動化を行うことで、より効率的な環境を構築します。

現在のビジネス環境下では、技術の進歩により、サービスの提供方法が大きく変化しています。自組織で開発したサービスと外部から調達したサービスをハイブリッドに組み合わせた複雑なモデルが活用されることが多くなっており、包括的な管理アプローチの必要性はさらに高まっています。

重要成功要因（PSF）および関連KPI

インフラストラクチャおよびプラットフォーム管理は、**組織が使用するインフラストラクチャとプラットフォームが、サービスダウンの原因や、変化するビジネス環境に対応する際のボトルネックとなることで、俊敏性や柔軟性が損なわれる問題を回避するプラクティス**と言えます。

インフラストラクチャおよびプラットフォーム管理の目的を達成するための重要成功要因は、次の2つです。

・進化する組織のニーズを満たすインフラストラクチャおよびプラットフォーム管理のアプローチを確立する

組織とその顧客のニーズは継続的に変化し、テクノロジーの変化も加速しています。この変化に対応する上では、インフラストラクチャとプラットフォームのソリューションを、需要に合わせて柔軟で、拡張性が高いものにしていくことが重要です。

そのためには、開発者と運用者が協力し合うことによってリリース期間の短縮化を図るDevOps（P.262参照）の導入、インフラの整備、自動化ツールの開発などを通じて、ITサービスの信頼性を高めるSRE（Site Reliability Engineering）といったアプローチを確立する必要があります（P.263参照）。

・インフラストラクチャとプラットフォームのソリューションが組織の現在および予想されるニーズを確実に満たすようにする

サービス・プロバイダは、事業要件またはプロジェクトの開始からソリューションの廃止まで、すべてのライフサイクルで利害関係者と対話を行い、ニーズが満たされていることを確認します。このような継続的な対話を通じて信頼関係を構築し、改善活動を推進することで期待に応え続けることが重要です。

■ インフラストラクチャおよびプラットフォーム管理のPSFとKPI※1

PSF	KPI
進化する組織のニーズを満たすインフラストラクチャおよびプラットフォーム管理のアプローチを確立する	・インフラストラクチャとプラットフォーム管理のアプローチに対する利害関係者の満足度 ・インフラストラクチャとプラットフォーム管理の整合性 ・組織の戦略とアーキテクチャロードマップから管理している件数や割合 ・インフラトラクチャとプラットフォーム管理のアプローチにおける、ベネフィット、コスト、リスクのレベル
インフラストラクチャとプラットフォームのソリューションが組織の現在および予想されるニーズを確実に満たすようにする	・インフラストラクチャとプラットフォームのソリューションに対する利害関係者の満足度 ・インフラストラクチャに関わるインシデントの件数と影響 ・インフラストラクチャとプラットフォームのソリューションによる制約の件数と影響 ・合意したアプローチから乖離している件数と影響

◎ プロセス① 技術の計画

インフラストラクチャおよびプラットフォーム管理の主なプロセスは、「技術の計画」「製品の開発」「技術の運営」の3つです。

「技術の計画」は、**インフラストラクチャとプラットフォームについて、現在または将来にどのような管理アプローチをとるべきかを検討し、改善のロードマップを作成**します。ロードマップとは、優先度や依存関係を考慮して、改善施策をどのタイミングで実施するか、各活動をスケジュール化したものです。

■「技術の計画」のフロー※2

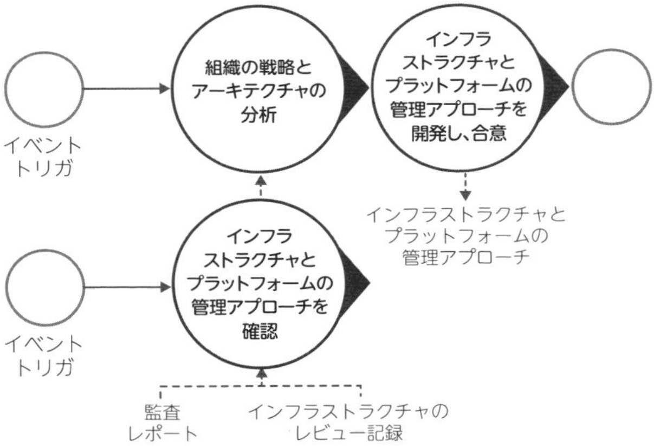

1. インフラストラクチャとプラットフォームの管理アプローチを確認

製品所有者とインフラストラクチャの専門家が、インフラストラクチャとプラットフォームの現状を確認します。現状のインフラストラクチャとプラットフォームの報告書（月次報告など）、定期レビューの結果、監査レポートなどに基づいて、インフラストラクチャとプラットフォーム管理のアプローチの有効性をレビューし、分析のために必要な情報を組織のITリーダーに提供します。

2. 組織の戦略とアーキテクチャの分析

組織のITリーダーが、現状の事業、デジタル・IT戦略、ITアーキテクチャのロードマップ、サービスポートフォリオなどを分析します。1.から提供されたインフラストラクチャとプラットフォームの現状分析結果を基に、現状の課題を解決するための、あるべき将来の管理アプローチに対する要件を定義します。

※2 Based upon AXELOS® ITIL® materials. Material is used under licence from AXELOS Limited. All rights reserved.

3. インフラストラクチャとプラットフォームの管理アプローチを開発し、合意

ビジネスアナリスト、アーキテクト、製品所有者、インフラストラクチャの専門家は、インフラストラクチャとプラットフォームの管理対象範囲、役割分担、責任範囲、調達の戦略および調達方法、利用する技術、実装手順などについて同意し、利害関係者に対して周知徹底を図ります。例えば、クラウド（IaaS）などの外部サービスを活用する場合は、データセンター設備の管理や機器の調達などは不要となります。

プロセス② 製品の開発

「製品の開発」は、製品開発のバリューストリーム内で、他プラクティスと連携しながら、**インフラストラクチャとプラットフォームを設計し、開発・導入する活動**です。各活動は、インフラストラクチャの専門家を中心に行われます。

■「製品の開発」のフロー※3

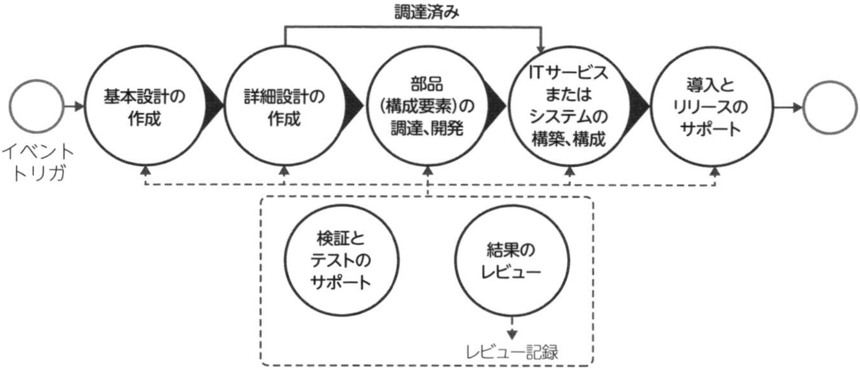

1. 基本設計の作成

サービス要件に基づいてインフラストラクチャの基本設計を行います。このとき基準となるサービス要件としては、信頼性、効率性、拡張性や、合意されたサービスレベル目標（SLO：Service Level Objectives）で要求されるその他の品質特性などがあります。

2. 詳細設計の作成

基本設計を基に、ITサービスを構成する個々の部品（構成要素）を開発・構築できるように、より詳細なレベルに設計を具体化します。

※3 Based upon AXELOS® ITIL ® materials. Material is used under licence from AXELOS Limited. All rights reserved.

3. 部品（構成要素）の調達、開発

詳細設計に従って、部品（構成要素）の調達または開発を行います。部品を調達済みの場合は、本活動はスキップし、ITサービスまたはシステムの構築、構成を開始します。

4. ITサービスまたはシステムの構築、構成

詳細設計に従って、ITサービスを構築、構成します。部品を調達済みの場合は、詳細設計が完了したら本活動を開始します。

5. 導入とリリースのサポート

ITサービスの展開とリリースについて、インフラストラクチャに関するサポートを提供します。

6. 検証とテストのサポート

ITサービス開発のすべての段階で、ITサービスとインフラストラクチャに関する部品（構成要素）のテストと妥当性評価に参加します。

7. 結果のレビュー

インフラストラクチャの専門家、プロダクトオーナー、アプリケーションの開発者は、インフラストラクチャの基本設計から導入・リリースまでの活動に対してレビューします。レビュー結果は報告書として取りまとめ、「技術の計画」活動やその他の改善活動のインプットとして活用します。

プロセス③　技術の運営

「技術の運営」は、**インフラストラクチャとプラットフォームが稼働環境に導入された後に、継続的に実施される活動**です。各活動は、インフラストラクチャ管理チームを中心に行われます。

■「技術の運営」のフロー※4

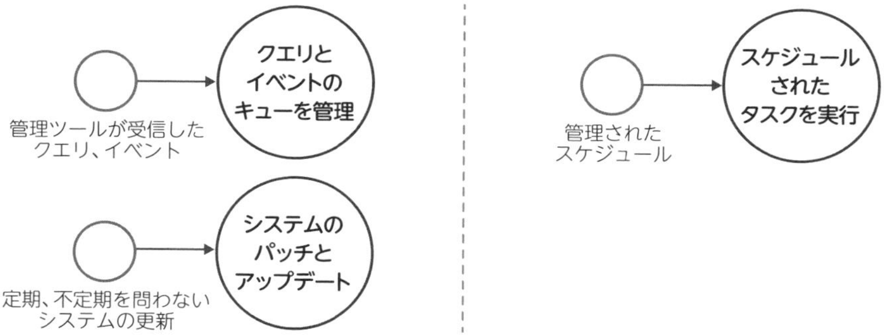

※4　Based upon AXELOS® ITIL ® materials. Material is used under licence from AXELOS Limited. All rights reserved.

1. クエリとイベントのキューを管理

インフラストラクチャ管理ツールが受信したクエリ（データの問い合わせや要求）とイベント（システムで発生する状態の変化）を処理し、検出されたインシデントやアラートに迅速に対応できるよう管理します。

2. スケジュールされたタスクを実行

設定されたスケジュールに基づいて、毎日のバックアップやシステム間のデータ転送などを実行します。例えば、本番ジョブの管理なども、このアクティビティに含まれます。

3. システムのパッチとアップデート

定期または不定期に発生するシステムの更新やパッチ適用を実施します。通常は、稼働環境に適用する前に、開発またはテスト環境で適用・検証を行い、問題がないことを確認します。ただし、アプリケーションの非互換性などの要因により、テスト環境にパッチを適用できない場合もあるため、このような例外への対処法を策定しておくことも必要です。

まとめ

- **本プラクティスは、インフラストラクチャとプラットフォームを監視し、組織の全体的なビジョンと原則に沿ってそのニーズを満たすことが目的**
- **将来の需要に対して高い柔軟性と拡張性をもって応えられるようにすることがポイント**

44 変更実現

変更実現は、サービスに直接的または間接的な影響を及ぼす可能性がある何らかの追加、修正、削除（＝変更）について管理し、その効果を最大化するためのプラクティスです。

変更実現の目的

変更実現は、**変更のリスクが適切に評価されているかの確認、変更の続行についての承認、変更スケジュールの管理を実施することで、成功するサービス・製品の変更の数を最大化すること**を目的としています。「サービスダウンの多くは変更の失敗が原因」と言われるように、変更は意図しない悪影響をもたらす可能性があります。これらの変更に伴うリスクを管理することが、変更実現のポイントとなります。

ITILでは、変更の複雑性や及ぼす影響のレベルによって「標準的な変更」「緊急の変更」「通常の変更」という代表的な変更モデルを定義しています。このモデルは、変更実現を効果的・効率的に実施するために重要です。

・標準的な変更

標準的な変更は、**十分に理解され、文書化されているため、追加の承認を必要としない変更**を指します。標準的な変更では、事前承認済みの手順や作業指示書に従って作業し、決められた手順以外の変更は通常行いません。

・緊急の変更

緊急の変更は、**ビジネスに悪影響を与えており、早急に実施しなければならない変更**のことです。緊急の変更については、すぐに解決できるソリューションや、安全な環境でテストする時間がないこともあるため、リスクを許容可能な範囲に留めながら、迅速に変更を行います。

・**通常の変更**

標準的な変更、緊急の変更のいずれとしても定義されていない、すべての変更を指します。通常の変更は、あらかじめ定義された変更実現プロセスで進行します。

◯ 重要成功要因（PSF）および関連KPI

変更実現は、**サービスに関する変更が失敗するリスクを最小化するためのプラクティス**と言えます。

変更実現の目的を達成するための重要成功要因は、以下の4つです。

・**変更がタイムリーかつ効果的な方法で実現されるようにする**

効果的な変更とは、事前に定義された「望ましい結果」を、最小限の工数で実現することです。例えば、以下のような方法で実現することができます。

■「望ましい結果」を最小限の工数で実現する方法の例

・個々の変更のサイズを小さくする
・変更の標準化と自動化を行う
・変更の計画と実行結果に対してフィードバックを受ける
・利害関係者の期待を捉え、変更の進捗状況を伝達する

・**変更による悪影響の最小化**

変更の実現は、発生するリスクや悪影響を許容可能なレベルに保ちながら、迅速に行うことが求められます。例えば、ビジネスにおいて重要なシステムで手作業の変更を実施する場合は、利害関係者を巻き込んで合意を取りながら慎重に進める必要があります。一方で、すでに変更作業が自動化され、実績がありリスクも小さい作業であれば、スピードと効率性を重視して変更を進める場合もあります。このように、変更モデルに応じて、リスクと効率性、スピードのバランスを取りながら対応することが重要です。

・**利害関係者の満足の確保**

各変更に関わる利害関係者を定義し、適切なタイミングで関与させます。ま

た、利害関係者の期待を適切に捉えて検討するために、利害関係者の満足度について継続的なモニタリングを行います。継続的なコミュニケーション、変更のステータス管理、フィードバックの収集が、満足度を管理するための重要な要素となります。

・ガバナンスおよびコンプライアンス要件への対応

内部統制や業界固有のルールなど、多くのガバナンスとコンプライアンス要件は、変更実現の活動に影響します。組織がそれらの要件に充足していることを証明するために、変更実現では以下のような方法で対応します。

■ ガバナンスおよびコンプライアンス要件への対応例

- **変更モデル、プロセス、および手順に、求められる要件を記載する**
  例：内部統制要件としてログを残すことを記載するなど
- **内部および外部監査担当者に対して、変更に関する情報を提供する**
  例：承認された変更の一覧など
- **コンプライアンス違反などが発生しないよう、変更実現の活動を継続的に改善する**

■ 変更実現のPSFとKPI※1

PSF	KPI
変更がタイムリーかつ効果的な方法で実現されるようにする	・適切な時間で処理されたか(TPI)、一定の期間で集計した結果 ・変更モデルごとの、変更実現に要した時間の平均 ・変更成果に対する変更要求者の満足度 ・変更を承認した件数に対する、成功した件数の比率 ・個々の変更ごとのTPI
変更による悪影響の最小化	・変更に伴うインシデントがビジネスに与える影響 ・問題またはエラーの原因として特定された、変更による影響 ・変更に伴うインシデントの件数と期間
利害関係者の満足の確保	・変更管理に関わる手続きと、コミュニケーションに対する利害関係者の満足度 ・実現された変更に対する利害関係者の満足度
ガバナンスおよびコンプライアンス要件への対応	・監査報告書に記載している要求事項を厳守していること ・監査指摘とコンプライアンスに準拠していない変更の件数と緊急度 ・変更に伴うコンプライアンスインシデントの件数と影響

プロセス①　変更のライフサイクル管理

変更実現の主なプロセスは、「変更のライフサイクル管理」と「変更の最適化」の2つです。

「変更のライフサイクル管理」は、**変更の登録から変更が完了するまでの一連の活動**です。この活動は、変更モデルによって異なる場合がありますが、ここでは「通常の変更」と「標準的な変更」での例を示します。

■「変更のライフサイクル管理」のフロー※2

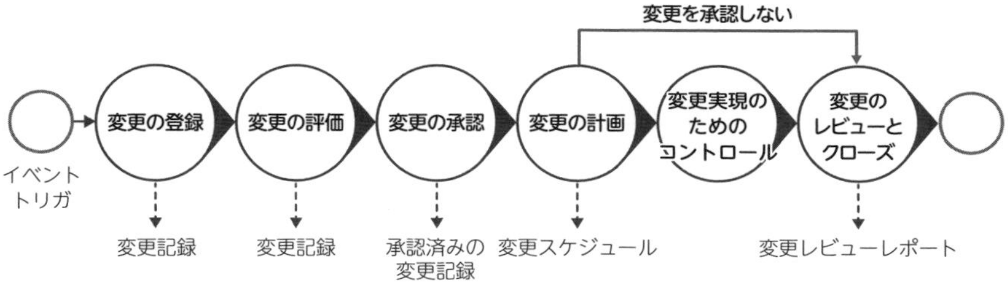

1. 変更の登録

[通常の変更]

サービスオーナー、変更マネージャー、または変更コーディネータが、依頼者から変更要求を受け付け、要求内容を記録します。

[標準的な変更]

製品開発チームが、製品・サービスのバックログに蓄積された変更要求について、どのリクエストを開発に取り入れるかを決定します。

2. 変更の評価

[通常の変更]

サービスオーナー、リソースオーナー、変更マネージャー、または変更コーディネータと利害関係者が、変更に関する評価（変更の影響、関連するリスク、必要なリソースなど）を実施します。

[標準的な変更]

製品開発チームが、変更方法を決定します。

3. 変更の承認

[通常の変更]

変更オーナーが、変更記録を確認し、承認します。

※2　Based upon AXELOS® ITIL ® materials. Material is used under licence from AXELOS Limited. All rights reserved.

[標準的な変更]
本活動をスキップします（承認不要）。

4. 変更の計画
[通常の変更]
変更対応チームは、変更計画を策定します。関与する関係者が追加された場合は、必要に応じて追加の承認を実施します。
[標準的な変更]
通常の変更と同様、変更対応チームは変更計画を策定しますが、実施内容が明確なため、工数・作業時間の短縮が可能です。

5. 変更実現のためのコントロール
[通常の変更] [標準的な変更]
内部および外部の専門家チームによって、計画された変更が実行されます。これはどの変更モデルにおいても共通です。
このとき、変更が失敗しないよう、以下のようなコントロールの仕組みを確立します。

・変更作業の標準的な検証とテスト
・変更対象のCIと影響を受けるCIのコントロール（ステータス管理）
・変更対象の資産管理
・変更前、変更後のバージョン管理
・変更前、変更後のバックアップと切り戻し発生時の復元方法

6. 変更のレビューとクローズ
[通常の変更]
変更が完了した後、利害関係者が変更結果をレビューし、問題がなければクローズします。
[標準的な変更]
変更が失敗しない限り、個々の変更に対してレビューは行いません。変更後のテストで成功が確認されると、自動的にクローズされます。

プロセス②　変更の最適化

「変更の最適化」は、**変更実現のプラクティス、変更モデル、標準の変更手順について、継続的な改善を実施する活動**です。この活動は、定期的に実施されるか、「変更のライフサイクル管理」プロセスの変更レビューで改善点が明らかになった場合に実施されます。

■「変更の最適化」のフロー※3

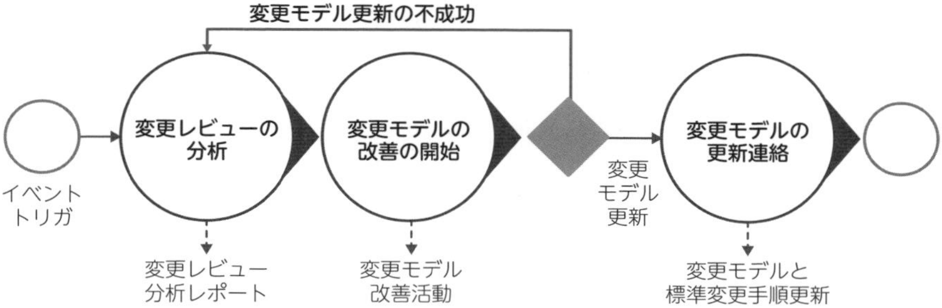

1. 変更レビューの分析

変更マネージャーは、サービスオーナーおよびその他の関連する利害関係者とともに、失敗した変更について、分析を実施します。現状の変更モデルの改善や標準的な変更手順の最適化だけではなく、自動化や不要な手順の廃止なども含めて検討します。

2. 変更モデルの改善の開始

変更マネージャーまたは変更コーディネータは、標準的な変更に該当する変更作業の追加や手順の見直しなど、現行の変更モデルに対する改善を行います。特に標準的な変更については、変更スピードの向上と、変更実現にかかる負荷低減が期待できるため、随時見直しを実施することを推奨します。

3. 変更モデルの更新連絡

変更モデルを改善後、サービスまたはリソースのオーナーや変更マネージャーから、利害関係者に変更を通知します。例えば標準的な変更の場合、月次の定例報告会で、標準的な変更として追加または削除する作業を一覧化し、会議内で変更内容のレビューと承認を取得します。その後、利害関係者に変更の旨をメールやポータルなどのコミュニケーションチャネルを使って通知します。

まとめ

- **変更実現は、サービスに直接的または間接的な影響を及ぼす可能性がある何らかの追加、修正、削除（=変更）について管理し、その効果を最大化することが目的**
- **変更実現は品質とリスクのバランスを取り、ガバナンスとコンプライアンス要件に応えながらも、利害関係者の期待を満たすことがポイント**

※3 Based upon AXELOS® ITIL ® materials. Material is used under licence from AXELOS Limited. All rights reserved.

45 サービスの妥当性確認およびテスト

サービスの妥当性確認およびテストは、組織として許容できる妥当な範囲と完了基準を明確にし、新規または変更された製品・サービスが要件を満たしていることを保証するプラクティスです。

サービスの妥当性確認およびテストの目的

サービスの妥当性確認およびテストの目的は、**新規または変更された製品・サービスが要件を満たしていることを保証すること**です。サービスの要件は、顧客からの要望や事業目標だけではなく、法律や業界ルールなどを含めて設計・文書化されます。これらをインプットに、品質とパフォーマンスなどに関する測定可能な指標を定め、テストの要件を満たすよう支援します。

妥当性確認とテストの範囲を決める主要な指標には、次の2つがあります。

■ 妥当性確認とテストの範囲例

- **製品やサービスが満たさなければいけないと合意された要件**
  (例) 新しい基幹システム導入において、業務横断の統合管理、リアルタイム性、カスタマイズ性、そしてデータのセキュリティが確保されていること
- **影響範囲と頻度を踏まえて合意された要件から派生する部分**
  (例) 新しい基幹システム導入に伴うデータ移行、ユーザトレーニング、運用保守、そして定期的なデータバックアップの実施

重要成功要因(PSF)および関連KPI

サービスの妥当性確認およびテストは、**サービスの要件を満たすことを十分に確認・テストしなかったため、サービス提供後に顧客の要件と合致していないことが判明し、結果として価値が提供できない状況に陥ることを防ぐためのプラクティス**であると言えます。

サービスの妥当性確認およびテストの重要成功要因は、以下の2つです。

・サービスの妥当性確認およびテストのアプローチについて、組織のスピードとサービス変更の品質をすり合わせる

テストがどのようにプロジェクトの目的を満たしながら実施されるか（テストのアプローチ）を定めているのがテスト計画です。テスト計画では、テストのフェーズごとに対象範囲を定義し、テスト項目およびレベル（品質）とスケジュール（スピード）のバランスを検討します。テストフェーズには、単体テスト、統合テスト、システムテスト、受入れテストなどがあります。

・新規・変更の構成要素、製品・サービスが、合意された基準を満たしていることを確認する

テスト計画はそれぞれのプロジェクトと組織に合わせて作成されますが、以下のような要素が含まれるのが一般的です。利害関係者と合意することで、評価の透明性と納得性を担保します。

■ テスト計画に含める内容例

・テスト組織の役割・責任
・テスト計画と分析および設計
・テスト準備と実装およびテスト完了基準
・テスト進捗管理およびインシデント管理

■ サービスの妥当性確認およびテストのPSFとKPI※1

PSF	KPI
サービスの妥当性確認およびテストのアプローチについて、組織のスピードとサービス変更の品質をすり合わせる	・組織の製品ポートフォリオ全体にわたるサービス検証と、テスト手法を順守していること ・サービス妥当性確認およびテストのアプローチ選択に対する、利害関係者の満足度 ・製品とサービスの品質提供能力に対する利害関係者の満足度 ・製品とサービス要件の準拠度に対する顧客の満足度
新規・変更の構成要素、製品・サービスが、合意された基準を満たしていることを確認する	・製品とサービスが、実用性と保証条件の要件を満たしている割合 ・サービス検証、テストモデル、メソッドの選択に対する利害関係者の満足度 ・製品とサービスのテスト能力に対する利害関係者の満足度 ・テストで見過ごされた結果、サービスで生じたインシデントや問題

◎ プロセス① テストアプローチとモデルの管理

サービスの妥当性確認およびテストの主なプロセスは3つです。

「テストアプローチとモデルの管理」は、**テストアプローチとモデルを定義し、定期的にレビューを行う活動**です。各活動は、サービステストマネージャーを中心に行われます。

■「テストアプローチとモデル管理」のフロー※2

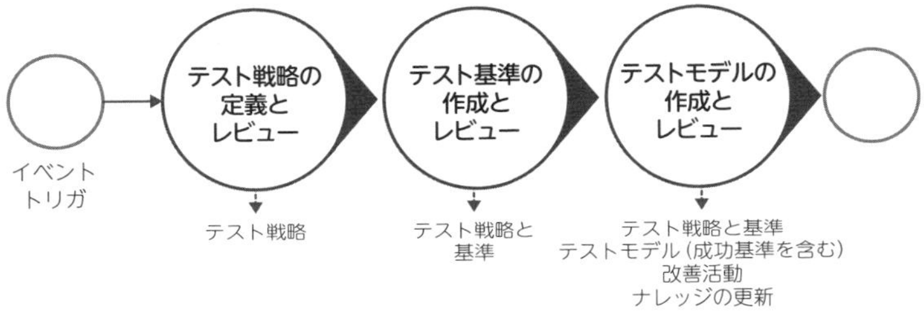

1. テスト戦略の定義とレビュー

テスト戦略として、組織のリスク許容度と関連するテストやリソースなどを定義し、定期的にレビューと更新を行います。

2. テスト基準の作成とレビュー

テスト基準を作成し、定期的にレビューと更新を行います。

3. テストモデルの作成とレビュー

テストモデルを定義し、定期的にレビューと更新を行います。

◎ プロセス② サービス評価

「サービス評価」は、**サービスを評価するための受け入れ基準を定義、検証する活動**です。各活動は、サービス評価スペシャリストを中心に行われます※3。

1. 受入基準の文書化

顧客要件を満たしたサービスであることを保証するために、組織におけるサービス受入基準を文書化します。

2. 受入基準の検証

文書化した受入基準を実際に運用し、基準そのものの妥当性を評価します。改善点が明らかになった場合は、「継続的改善」プラクティスと連携しながら、改善活動を開始します。

※3 フロー図は省略。

プロセス③　テスト実施

「テスト実施」は、**テストを計画し、実施する活動**です。

■「テスト実施」のフロー※4

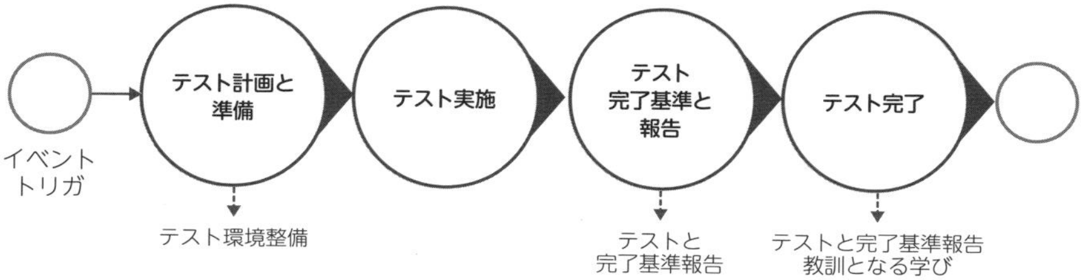

1. テスト計画と準備

サービスのテスト完了基準と実施環境、人員、ハードウェア、その他必要なコンポーネント、テスト計画、基準、モデルに関して、サービステストマネージャーがレビューをします。

2. テスト実施

サービステストスペシャリストは、自動または手動のテストを実施し、結果を記録します。

3. テスト完了基準と報告

サービステストスペシャリストは、テスト結果を確認し、完了基準を満たしているか評価します。また、その結果を顧客と利害関係者へ報告します。

4. テスト完了

テストマネージャーがテスト結果を報告し、顧客とその他利害関係者がテストの完了を承認します。

まとめ

- **サービスの妥当性確認およびテストの目的は、新規または変更された製品・サービスが要件定義を満たしていることを保証すること**
- **すべてのテストを網羅的に実施することは難しいため、組織として許容できる妥当な範囲と完了基準を明確にすることが重要**

※4　Based upon AXELOS® ITIL ® materials. Material is used under licence from AXELOS Limited. All rights reserved.

46 リリース管理

本節では、リリース管理の目的、重要成功要因および関連KPI、プロセスと活動について見ていきましょう。リリース管理は、サービスを利用できる状態にするための要となるプラクティスです。

リリース管理の目的

リリース管理は、**組織の方針や合意に沿って、顧客に対して提供されるサービスを新規作成または更新することで、利用可能な状態にすること**を目的とします。サービスやその構成要素を利用可能な状態にすることを、ITILでは**リリース**と言います。

■ リリースに必要なサービスの構成要素の例

- **インフラストラクチャやソフトウェア**
  (例) サーバやネットワーク、ストレージ、業務アプリケーションなど
- **文書類**
  (例) サービス運用に必要なマニュアル、プロセス、ルールなど
- **体制**
  (例) 運用保守を実施する要員、窓口となるサービスデスクなど
- **パートナまたはサプライヤ**
  (例) サービスを提供するための契約、連絡先一覧

リリース管理では、サービスが新規に提供または変更されることによって、顧客にどのような影響が発生するのかを理解し、顧客体験を損うことなくサービスを利用できるように支援することが重要です。

重要成功要因 (PSF) および関連KPI

リリース管理は、**新規または変更したサービスが、求める品質・スピードで利用できないことにより、サービス消費者の価値を損っている状況を回避する**

ためのプラクティスと言えます。

リリース管理の目的を達成するための重要成功要因は、以下の2つです。

・組織横断でサービス展開されるようなアプローチを確立・維持すること

サービスのリリースにあたっては、サービスの種類（内部／外部）、規模（組織全体／個別）、緊急度、複雑性（パッケージ／カスタム）などを考慮しながら柔軟なアプローチを検討し、組織で合意されたリリース管理を行うことが重要です。

例えば、事業の基幹を支えるシステムであれば、慎重に計画・作業の調整をする必要があります。一方で毎日機能を更新しているようなサービスであれば、自動化も考慮したより簡易的なリリース管理が効率的かつ効果的です。

・組織のバリューストリームと紐づくサービスリリースを確実にすること

リリースされるサービスが、どの事業活動に対して、何の価値を、いつまで提供するのかを理解したうえで、各利害関係者とサービスのリリースについて調整していくことが重要となります。

例えば、モバイルアプリケーションのサービス更新は、更新が自動的に行われるため、各利害関係者への調整はほぼ不要です。一方で、カスタム開発された基幹系システムなどが新サービスとしてリリースされる場合は、大規模プロジェクトとして管理され、様々な内部・外部の関係者との調整が発生します。

■ リリース管理のPSFとKPI※1

PSF	KPI
組織横断でサービス展開されるようなアプローチを確立・維持すること	・サービスとサービス構成要素が展開により変更される割合に対する利害関係者の満足度 ・合意した展開アプローチが組織全体において用いられている割合 ・主要パートナとサービス利用者の展開アプローチに対する理解レベル ・監査指摘と外部コンプライアンス違反が展開により発生した件数
組織のバリューストリームと紐づくサービスリリースを確実にすること	・デプロイに要する時間に対する利害関係者の満足度 ・展開の成功率 ・展開によって発生したインシデントの件数、割合 ・展開スケジュールの順守率 ・展開バックログのスループット ・展開品質に対する利害関係者の満足度

プロセス① リリース計画

リリース管理の主なプロセスは、「リリース計画」「リリース調整」の2つです。

「リリース計画」は、**リリース管理の改善に焦点を当てた活動**です。定期的に実施する場合もあれば、何か改善が必要な要望などを受けて、2〜3か月程度の周期で実施される場合もあります。各活動は、リリースマネージャーを中心に行われます。

■「リリース計画」のフロー※2

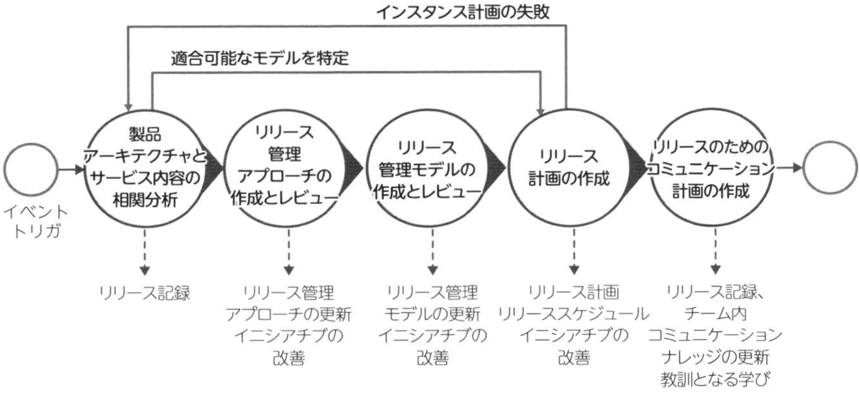

1. 製品アーキテクチャとサービス内容の相関分析

現状のリリースアプローチおよびモデルで問題なくサービスをリリースできるか、製品アーキテクチャやサービスの特性を分析します。

例えば、これまでのリリースアプローチがオンプレミスの前提で定義されていた場合、IaaSやSaaSなどのクラウドをリリースするのであれば、その影響を分析する必要があります。また、リリースする対象がモバイルアプリケーションの場合、アプリケーションを外部公開する上で必要な申請・承認についての考慮が求められます。

2. リリース管理アプローチの作成とレビュー

1.で分析された結果を受けて、リリース管理アプローチを新規作成または更新し、関係者と合意します。リリース管理アプローチを作成または更新する際の検討ポイントを、次ページでいくつか例示します（表「アプローチを作成する際の検討事項例」参照）。

3. リリース管理モデルの作成とレビュー

1.で分析された結果を受けて、リリース管理モデルを新規作成または更新し、関係者と合意します。リリース管理モデルの作成または更新例を、次ページで示します（表「リリース管理モデルの作成または更新例」参照）。

4. リリース計画の作成

3.で作成・更新したリリース管理モデルをベースに、リリース計画を作成します。

5. リリースのためのコミュニケーション計画の作成

4.で作成されたリリース計画の更新内容、手順、レビュー内容などについて、サービスデスクやナレッジ管理者などの利害関係者と適切なコミュニケーションを実施するための計画を策定します。

■ アプローチを作成する際の検討事項例

検討項目	ポイント
リリースするサービスの利用者と関係者	・誰に影響するのか？ ・レビューや承認は誰が行うか？
サービス種別	・カスタム開発のシステムか？ ・クラウドなどのサービス利用か？
重要度、緊急度	・サービスの業務における重要度は？ ・急ぎリリースが必要なのか？
リリースの単位	・すべての機能を一括でリリースするのか？ ・リリースを小さくパッケージ化し、段階的にリリースするのか？
リスク	・リリースで発生するリスクは何か？ ・どのような対策（受容、回避、転嫁など）があるか？
サービスレベル	・求められるサービス品質（サービス停止が許容される時間など）はどのレベルか？
コンプライアンス、セキュリティレベル	・遵守する必要があるコンプライアンス、セキュリティ要件は何か？
利用テクノロジー	・利用するテクノロジーは何か？ ・実績のあるテクノロジーか？
リリース方法	・リリース環境（本番、テストなど）およびリリース方法（自動または手動）は何か？
組織内の意思決定（承認）	・レビューや承認は誰が行うか？

■ リリース管理モデルの作成または更新例

該当項目	作成または更新例
リリース手順	・重要システムの場合は、リリース手順の中にチェックポイントを設け、関係者を必須で実施する
リリース承認	・サービスオーナー、顧客の承認は必須とする ・新規の大規模リリースの場合は、経営層の承認も必須とする
リリース計画	・リスクとリスクに対する対策を記載する ・体制図と連絡先を記載する
リリーススケジュール	・リリースまでの概要スケジュール、当日の詳細スケジュール、各タスクの責任者を明確にする
ナレッジ記事	・リリースする際は、ナレッジ記事を作成し、運用保守担当に提供する
自動化スクリプト、ツール	・リリース作業は手作業を極力排除し、スクリプトやツールを活用して自動化する

プロセス② リリース調整

「リリース調整」は、サービスをリリースするための計画立案から検証、実行、結果の検証および振り返りまでの一連の活動です。各活動は、リリース担当チームを中心に行われます。

■「リリース調整」のフロー※3

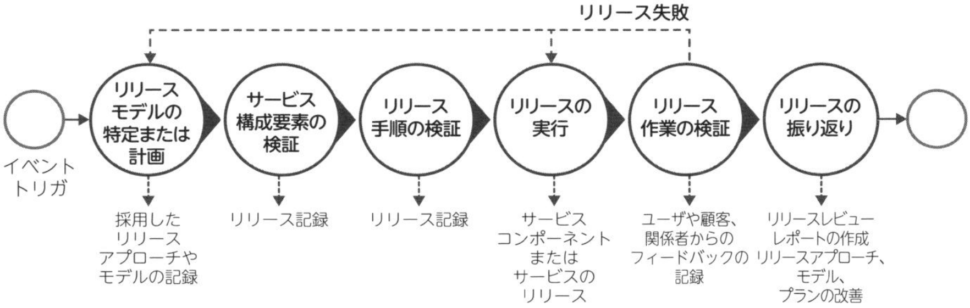

1. リリースモデルの特定または計画

「どのリリースモデルに従ってリリース作業を実施すればよいか」「どのように承認を含めた手続きを進めればよいか」などを特定します。また、特定した内容に沿って、必要となるリリース計画を作成します。

※3 Based upon AXELOS® ITIL ® materials. Material is used under licence from AXELOS Limited. All rights reserved.

2. サービス構成要素の検証

開発環境や検証環境などで、新規リリース（または変更）するサービスの構成要素に過不足やバグがないかを、事前に検証します。また、妥当性を検証できる評価者が結果について承認します。

3. リリース手順の検証

リリースされる構成要素に適したリリースモデルを選択し、事前に検証環境にて、リリース作業の手順に問題がないかを検証します。また、妥当性を検証できる評価者が結果について承認します。

4. リリースの実行

影響を受ける利用者、リリース作業に従事する関係者、実施タイミングやスケジュールなどを調整の上、事前に準備していたリリースプログラム（または作業）を実行します。

5. リリース作業の検証

「リリースに必要な構成要素すべてが問題なくリリースされているか」「リリースされたサービスが正常な動作となっているか」などを、リリース作業に従事する関係者（必要があれば、サービス利用者も含む）と共に検証します。万が一リリースに問題が発生した場合は、リリース前の状態に切り戻しを実施します。

6. リリースの振り返り

作業結果や利用者からのフィードバックに基づき、今後の改善に向けての振り返りを関係者と実施し、改善施策へと繋げます。

まとめ

- **リリース管理は、サービスの新規リリースまたは変更に対応しつつ、利用者が利用できる状態を保つために重要なプラクティス**
- **昨今の多様なサービス形態に鑑みた、柔軟なリリースモデルを設計することが重要**

47 展開管理

展開管理は、新規または変更されたハードウェア、ソフトウェア、文書、プロセス、その他のコンポーネントを、稼働環境に移行するプラクティスです。可能な限り自動化することを前提に、プロセスとツールを設計します。

展開管理の目的

展開管理は、**新規または変更されたハードウェア、ソフトウェア、文書、プロセス、その他の要素を、稼働環境（本番環境）に移行すること**を目的とします。テストやステージングなど、その他の環境へのコンポーネント展開に関わる場合もあります。

稼働環境に対する変更をコントロールし、正常な状態を維持するには、展開計画と展開結果を確実に把握する必要があります。そのため、稼働環境に展開するための標準ツールと詳細な手順を準備し、一貫性のある方法で確実にソフトウェアなどを展開します。

展開管理のプラクティスは、新規または変更されたコンポーネントを稼働環境へ移行することが目的であるため、バリューチェーン活動の「設計および移行」の重要な要素となります。

重要成功要因（PSF）および関連KPI

展開管理は、**新規または変更作業の失敗により、稼働環境に何かしらの不具合が発生し、サービスまたは業務の停止が発生することを防ぐためのプラクティス**と言えます。

展開管理の目的を達成するための重要成功要因は、以下の２つです。

・組織全体にサービスとサービス構成要素を展開するための効果的な展開モデルを確立して維持する

製品、サービス、構成要素を展開する際に使用するモデルを定義し合意します。これを**展開モデル**と言います。展開モデルは、展開されるサービス構成要素の種類、サイズ、業務影響などで分類・定義します。このとき、サービスごとに1つの展開モデルを使用するか、展開モデルを複数組み合わせるかを選択できます。

展開モデルは、様々な要因によって影響を受けます。「コラボレーション基盤サービス」の場合で、展開モデルが影響を受ける要因の具体例を示します。

■ コラボレーション基盤サービスの例

・サービス構成要素：SaaS
・サイズ：利用者数500名
・業務影響：大
・展開モデル：展開モデルA（自動化モデルの適用）

■ 影響要因の例（コラボレーション基盤サービスの場合）

影響要因	例
自動化の適用可否	作業が定型化されているため、自動化可能
コスト／リソースの制限	要員が限定的であり、展開に必要な工数は最小化する必要あり
展開の予想される頻度	日次や週次単位で頻繁に発生
顧客要件の変更の速度、技術変更の速度	顧客要件は週次単位で見直しが発生（緊急時は即時の場合もあり）
構成要素の情報源、欠陥リスク	構成管理ツールにより自動的に収集可能（欠陥リスク低）
ユーザの行動と要件、サービス消費者に対する技術変更の可視性など	技術が変更されたことについて、サービス消費者へ通達をする必要はない

上記の影響要因を考慮すると、日次や週次単位で頻繁に展開されるソフトウェアに最小限の要員で対応するためには、自動化ツールを利用して本番環境に展開するモデルが適切と考えられます。例えば、ソフトウェアの変更を常に

テストし、自動で本番環境に適用できるような状態にしておく開発手法である、CI／CDフレームワーク（Continuous Integration／Continuous Delivery）などの採用を検討するとよいでしょう。

・バリューストリームの観点で、サービスとサービス構成要素の効果的な展開を保証する

展開の有効性と効率性は、関連するリソース、スキル、テクノロジー、ツール、インフラストラクチャに大きく依存します。特に、展開における自動化の活用が、一貫性、俊敏性、効率を向上させるポイントとなります。変更やリリースを成功させるためには、サービスまたはサービス構成要素の完全性が移行プロセス全体で維持されることが重要です。

■ 展開管理のPSFとKPI※1

PSF	KPI
組織全体にサービスとサービス構成要素を展開するための効果的な展開モデルを確立して維持する	・サービスとサービス構成要素が展開により変更される割合に対する利害関係者の満足度 ・合意した展開アプローチが組織全体において用いられている割合 ・主要パートナとサービス利用者の展開アプローチに対する理解レベル ・監査指摘と外部コンプライアンス違反が展開により発生した件数
バリューストリームの観点で、サービスとサービス構成要素の効果的な展開を保証する	・デプロイに要する時間に対する利害関係者の満足度 ・展開の成功率 ・展開により発生したインシデントの件数・割合 ・展開スケジュールの順守率 ・展開バックログのスループット ・展開品質に対する利害関係者の満足度

プロセス① 展開プロセス

展開管理の主なプロセスは、「展開プロセス」「展開モデルの開発とレビュー」の2つです。

「展開プロセス」は、**新規および変更されたハードウェア、ソフトウェア、文書、プロセス、その他の要素を、稼働環境（本番環境）に移行する活動**です。なお、CI／CDフレームワークを採用したDevOps（P.262参照）環境では、本プロセスの多くは自動化されます。

■「展開プロセス」のフロー※2

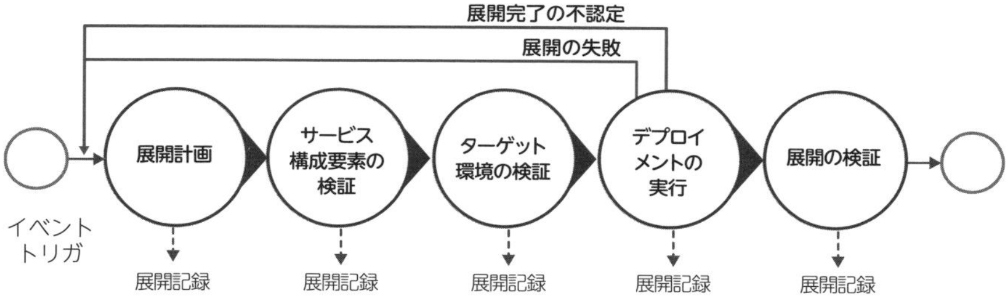

1. 展開計画

サービス・プロバイダは、ハードウェアまたはソフトウェアなどの展開に必要な活動計画を作成します。スケジュール作成の際には、影響を受けるチームやその他のリソースの優先事項や作業の依存関係を考慮します。

自動化された展開の場合は、開発バージョン管理システムを使って展開を開始します。

2. サービス構成要素の検証

サービス・プロバイダが展開を受け入れる前に、関連文書を含む構成要素の完全性を確認し、基本的な品質検査を実施します。

自動化された展開の場合は、指定された作業環境に一時的に格納されたソフトウェアを、適切なテスト環境で展開・テストします。

3. ターゲット環境の検証

ユーザへの影響を最小限に抑えることを目的に、展開先の環境を決定します。

4. デプロイメントの実行

サービス・プロバイダまたは外部のサプライヤ担当者は、展開手順に従ってハードウェアやソフトウェアなどを導入します。

自動化された展開の場合は、環境への展開も自動化されていることが一般的ですが、展開前に人を介在した手作業が一部で発生する場合もあります。例えば、ある特定の業務部門について一時的に変更を反映させたくないといったビジネス上の制約があるケースや、特定の地域のみに個別にセキュリティレベルの変更が必要といったケースが該当します。

5. 展開の検証

ハードウェアまたはソフトウェアなどが導入された後、正常に機能することを確認する一連のテスト（展開後の稼働確認）が実施されます。展開作業を実行した担当者は、展開とテストの結果をあらかじめ定義された関係者に通知します。

自動化された展開の場合は、展開が完了したことを知らせる通知を、バージョン管理システムが製品オーナーなどの変更依頼者に対して自動送信します。

プロセス② 展開モデルの開発とレビュー

「展開モデルの開発とレビュー」は、**展開管理のプラクティス、展開モデル、および展開手順について、継続的な改善を実施する活動**です。

この活動は、定期的に行う場合と、展開の失敗が発生したタイミングで不定期に行う場合があります。一般的には定期的なレビューを1〜3ヶ月ごとに実施しますが、展開結果の品質が悪く展開モデルを早急に改善する必要がある場合は、臨時で実施される場合もあります。

■「展開モデルの開発とレビュー」のフロー※3

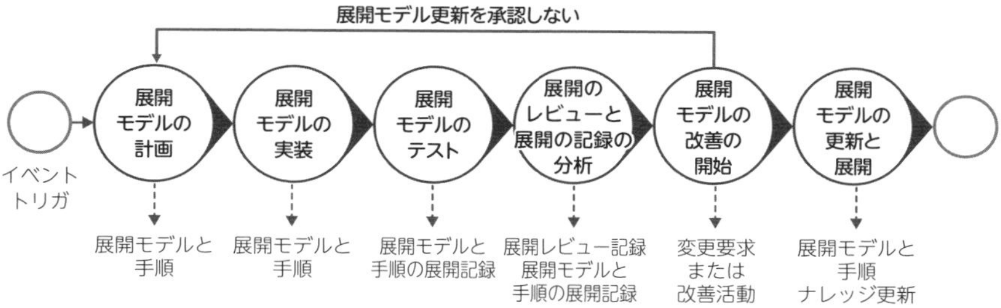

1. 展開モデルの計画

展開マネージャーは、低リスク・短期間で成功率の高い展開を行うために、新しい展開モデルを定義します。このとき、人間による判断誤りや作業手順の見落としなどによる展開の失敗を防ぐために、可能な限り自動化を前提に検討を進めます。

※3 Based upon AXELOS® ITIL ® materials. Material is used under licence from AXELOS Limited. All rights reserved.

2. 展開モデルの実装

展開マネージャーは、アクセス権限の設定やソフトウェアコードの管理、ソフトウェアテストの手順など、適切な展開ツールを実装します。また、自動化された展開ツールが適用されない場合、展開マネージャーは、人の認識誤りなどによる展開の失敗を防ぐために、展開ルールや基準を整備し、関係者へ周知徹底します。

3. 展開モデルのテスト

展開マネージャーは、実装した展開モデルがワークフローに従って適切に処理されることを確認するために、新しい展開モデルをテストします。テストが不可能な場合、展開マネージャーは、展開モデルを初めて実行する際に、展開状況と結果を確認します。

4. 展開のレビューと展開の記録の分析

展開マネージャーは、サービスオーナーや他の利害関係者と共に、展開結果のレビューを実施し、展開モデルと展開手順に改善の余地がないか、結果を分析します。

5. 展開モデルの改善の開始

4. で行った分析の結果、改善が必要と判断された場合、展開マネージャーは、改善内容を記録し、「継続的改善」プラクティスを関与させて、改善活動を実行します。

6. 展開モデルの更新と展開

展開モデルが正常に更新された場合、関連する利害関係者に周知します。更新内容が多岐にわたる場合や内容が複雑な場合は、必要に応じて定例会などの場で説明するなど、認識齟齬が発生しないよう周知徹底を図ります。通常は、展開マネージャーや、サービスまたはリソースオーナーが行います。

まとめ

- **展開管理は、新規または変更されたコンポーネントを稼働環境に確実に移行するためのプラクティス**
- **人間によるミスを0にはできないため、可能な限り自動化することを前提に、プロセスとツールを設計することがポイント**

48 サービス構成管理

サービス構成管理は、ハードウェア、ソフトウェア、ネットワーク、建物、人、サプライヤ、文書など、サービスの構成およびそれらを支援する構成要素に関する正確で信頼できる情報を管理するプラクティスです。

サービス構成管理とは

サービス構成管理は、**サービスの構成およびそれらを支援する構成要素(CI：Configuration Item)に関する正確で信頼できる情報を、必要なときに必要なところで利用可能にすること**を目的とします。

サービス構成管理では、ハードウェア、ソフトウェア、ネットワーク、建物、人、サプライヤ、文書など、様々なCIに関する情報を収集し、管理します。これには、各サービスに関与する複数のCIがどのように連携して機能するかの情報も含まれます。例えば、メールサービスであれば、サービスにアクセスするためのモバイル端末や、メール利用者の認証サービスなどがCIに該当します。ITILでは、これらの情報を管理するシステムを**構成管理システム(CMS)**、そのシステムのコアとなるデータベースを**構成管理データベース(CMDB)**と言います。

サービス構成管理が管理するCIの情報は、他のプラクティスと連携することでさらなる価値を生み出します。

■サービス構成管理と他のプラクティスの連携例

- **障害発生時に、影響がどれだけの範囲に生じているかがわからない**
  ⇒障害の影響するCIの情報を「インシデント管理」に連携
- **根本原因調査を、どの範囲で実施すればよいかがわからない**
  ⇒障害発生の原因として可能性があるCIの情報を「問題管理」に連携
- **変更を実施する際の、費用への影響がわからない**
  ⇒変更実施時にコストへ影響するCIの情報を「変更実現」に連携
- **セキュリティパッチの適用状況がわからない**
  ⇒各PCやサーバのセキュリティパッチ適用状況を「情報セキュリティ管理」に連携

● 重要成功要因（PSF）および関連KPI

サービス構成管理は、**必要なときに必要な情報を提供できない状況を解決するためのプラクティス**であると言えます。

サービス構成管理の目的を達成するための重要成功要因は、以下の2つです。

・組織の製品・サービスに関連する構成管理情報を保持していること

価値ある情報を使いやすい形で保持するためには、形骸化を防ぎ、常に情報を最新化するための継続的な改善が必要です。また、提供された情報はサービス・プロバイダやサプライヤが活用することも多いため、CIの情報を活用する側の目的や欲しい情報を意識した設計が不可欠です。さらに、管理情報を手作業で常に最新化することは現実的ではないため、これらの仕組みを自動化することが必須となります。

・サービス構成管理情報を提供するコストが常に最適化されていること

サービス構成管理は、CIの情報を管理するプラクティスのため、その情報を活用してもらって初めて価値を創出します。よって、サービス構成管理単体で考えるとコストが高いと捉えられる傾向があるため、コスト最適化を常に意識して取り組む必要があります。サービス構成管理は対象の範囲が広いため、実現したい価値に優先度を設定し、費用対効果を試算した上で段階的に導入することを推奨します。

■ サービス構成管理のPSFとKPI※1

PSF	KPI
組織の製品・サービスに関連する構成管理情報を保持していること	・構成管理情報に対する利害関係者の満足度 ・サービス構成管理インタフェース、手順、レポートに対する利害関係者の満足度 ・不十分もしくは正しくない構成管理情報により、正しくない決定が行われた件数と影響 ・CMDB内の正しくないデータの件数と影響 ・CMDB内のデータの完全性を確認した割合
サービス構成管理情報を提供するコストが常に最適化されていること	・サービス構成管理に要する直接コスト

プロセス① サービス構成管理の一般的なアプローチの確立

サービス構成管理の主なプロセスは、「サービス構成管理の一般的なアプローチの確立」「サービス構成情報の取得、管理、提供」「サービス構成情報の検証」の3つです。

「サービス構成管理の一般的なアプローチの確立」は、**組織の構成情報の効果的かつ効率的な管理手法を確立する活動**です。各活動は、サービス構成管理マネージャーを中心に行われます。

■「サービス構成管理の一般的なアプローチの確立」のフロー※2

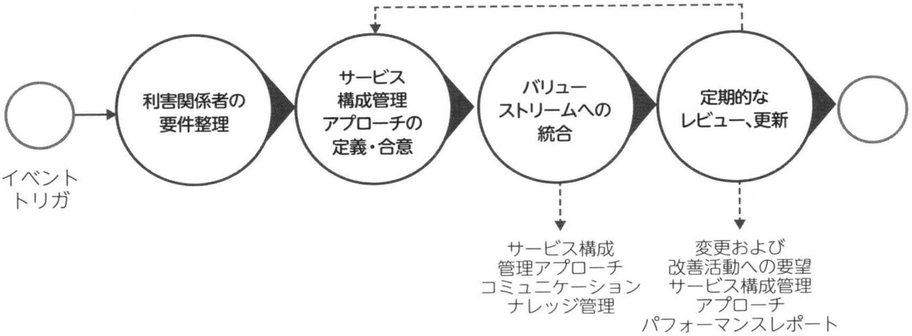

1. 利害関係者の要件整理

構成管理における利害関係者（各プラクティスオーナー、サービスオーナー、プロジェクトマネージャーなど）を特定し、構成情報（CIおよびその関係性）と要件を調整します。そして、利害関係者と合意した要件を文書化します。

2. サービス構成管理アプローチの定義・合意

下記のアプローチについて、利害関係者と討議・合意します。

- **サービス構成管理の方針**
  例：監査要件へ対応できる信頼性を担保するなど
- **サービス構成タイプ**
  例：サーバ、ネットワーク、PC、文書など
- **命名規則**
  例：サーバの場合、「SVR＋番号＋拠点名＋設置場所番号」
- **目標、KPI**
  ※「サービス構成管理のPSFとKPI」を参照

※2 Based upon AXELOS® ITIL ® materials. Material is used under licence from AXELOS Limited. All rights reserved.

・**ロール、責任**
例：サービス構成管理マネージャーは、サービス構成管理の各種プロセスに対する実行責任を持つ
・**報告方法**
例：毎月、サービス構成管理委員会にて所定のフォーマットで報告
・**予算、費用配賦**
例：費用配賦は、全社共通基盤扱いとし、各部門の人数単位で配賦

3. バリューストリームへの統合

合意したサービス構成管理アプローチを、組織全体の関係者へ展開します。サービス構成管理の実運用を行う主要メンバーに対しては、初期トレーニングや定期的な意識向上のトレーニングを実施します。

サービス構成管理は、IT資産管理、サプライヤ管理、変更実現、プロジェクト管理、組織変更管理、要員管理、関係管理、インフラストラクチャおよびプラットフォーム管理、ソフトウェア開発および管理などと連携して行われます。

4. 定期的なレビュー、更新

合意したサービス構成管理のアプローチの導入状況、順守率、効果をモニタリング・レビューします。レビューに基づいて、アプローチは変更されることがあります。

プロセス②　サービス構成情報の取得、管理、提供

「サービス構成情報の取得、管理、提供」は、**構成情報を取得し、管理、提供する活動**です。各活動は、サービス構成管理マネージャーとリリースオーナーを中心に行われます。

■「サービス構成情報の取得、管理、提供」のフロー※3

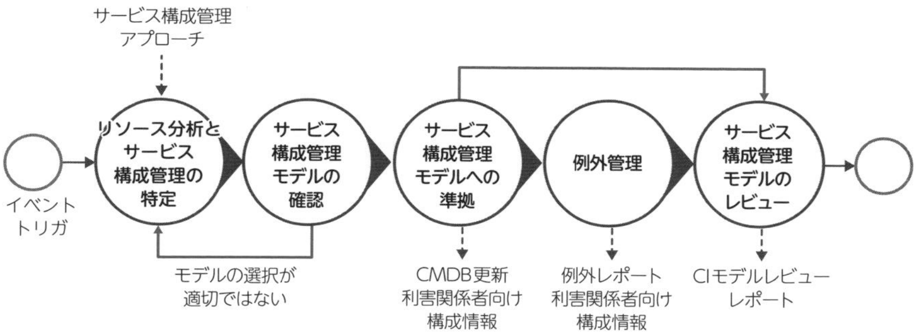

※3　Based upon AXELOS® ITIL ® materials. Material is used under licence from AXELOS Limited. All rights reserved.

1. リソース分析とサービス構成管理の特定
リソースオーナーは、リソースの新規追加、または既存のCIに変更があった場合、関連するCIを特定します。不明点があれば、サービス構成管理マネージャーにエスカレーションし、確認します。

2. サービス構成管理モデルの確認
サービス構成管理マネージャーが、CIおよび関連するCIを確認し、どのモデルに該当するかを識別します。

3. サービス構成管理モデルへの準拠
サービス構成管理データベースの継続的検証を実施し、利害関係者に最新のサービス構成管理情報を提供します。

4. 例外管理
サービス構成管理のライフサイクル上、例外が発生した場合、サービス構成管理マネージャーとリソースオーナーは組織のサービス構成管理アプローチに従って対応します。

5. サービス構成管理モデルのレビュー
ログや利用者からのフィードバックに基づき、構成管理モデルをレビューし、必要に応じて更新します。

プロセス③　サービス構成情報の検証

「サービス構成情報の検証」は、**構成管理データが完全・正確であることを維持する活動**です。各活動は、サービス構成管理マネージャーとリリースオーナーを中心に行われます。

■「サービス構成情報の検証」のフロー※4

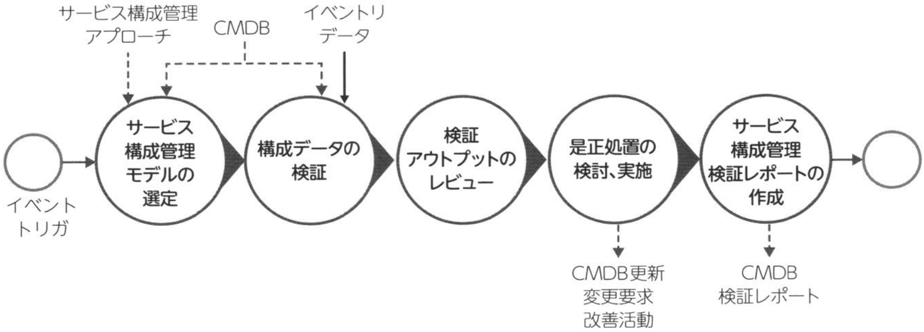

※4　Based upon AXELOS® ITIL ® materials. Material is used under licence from AXELOS Limited. All rights reserved.

1. サービス構成管理モデルの選定

CIがどの構成モデルに該当するかを識別し、適切なチームまたは担当者をアサインします。

2. 構成データの検証

アサインされたチームはデータを収集し、サービス構成管理データと比較します。本作業は、可能な限り自動化することを推奨します。

3. 検証アウトプットのレビュー

構成管理担当者は、サービス構成管理マネージャー、リソースオーナーなどにより、検証結果についてレビューを受けます。具体的には、以下のような場合がレビュー対象となります。

- 構成管理データベース（CMDB）のデータが不完全、または不正確
- 規則違反が発見されたすべてのケース（許可されていないリソースへのアクセスなど）

4. 是正処置の検討、実施

サービス構成管理マネージャー、リソースオーナーなどは、是正措置を合意・文書化し、通知します。

5. サービス構成管理検証レポートの作成

サービス構成管理マネージャーを中心として、検証レポートを作成します。レポートには、是正処置や改善活動を含める必要があります。

まとめ

- **サービス構成管理は、正確で信頼できる情報を、必要なときに必要なところで利用可能であることを確実にすることが目的**
- **サービス構成管理は、自動化を前提に他プラクティスの実現を支援する**

COLUMN CI間の関係性を「見える化」 サービス構成モデルとは

本コラムでは、サービス構成管理で登場したサービス構成モデルについて紹介します。サービス構成モデルとはその名前の通り、**サービスのCIの関連性をモデル化したもの**です。

■ サービス構成モデルの例（ITサービス）

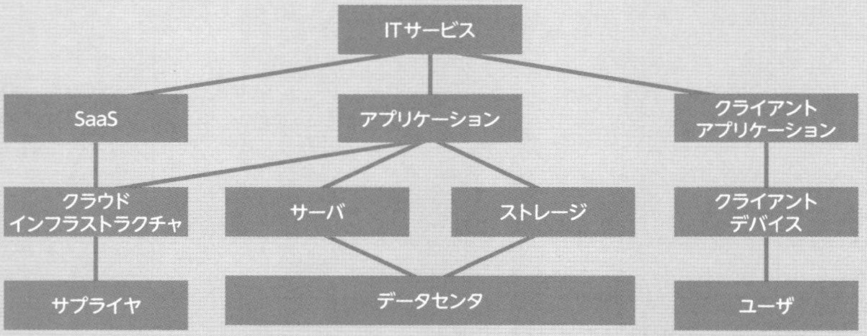

サービス構成モデルの各CIは、さらに詳細な情報である「属性」を持っています。属性は、各CIを特定・説明可能な情報のことで、各CIで定義する必要があります。例えば、サーバ、アプリケーション、サプライヤの属性は、以下の通りです。

■ CIの持つ属性の一例

CI	属性
サーバ	管理ID、サーバ名、IPアドレス、各機器の製品名、メーカー名、製品番号、シリアル番号、スペック、設置・保管場所、責任者、使用開始日、ステータス（稼働中、テスト中、故障中）など
アプリケーション	アプリケーションの名称、メーカー、バージョン、機能など
サプライヤ	各サプライヤ一覧、担当者名、契約情報など

サービス構成モデルは様々なパターンがありますが、1から作ると大変です。ITSMツールなどに実装されている標準のサービス構成モデルやCI属性などをベースに、自社に合う形にカスタマイズしましょう。

7章

カスタマー・ジャーニー

本章では、ITILを活用するアプローチの1つとして、カスタマー・ジャーニーについて学びます。サービスを通じて生じる顧客やユーザとサービス・プロバイダの接点を、一連のライフサイクルで捉えることで、顧客とユーザがサービスから感じる価値を全体俯瞰的に理解しましょう。

49 カスタマー・ジャーニーとは

製品やサービスのみで差別化することが難しい昨今では、カスタマー・ジャーニーの重要性がますます高まっています。本章では、カスタマー・ジャーニーの具体的な内容を理解する前段として、カスタマー・ジャーニーの7ステップの概要について見ていきましょう。

カスタマー・ジャーニーとは

カスタマー・ジャーニーはバリューストリームと同じく、サービスマネジメントを実践するための主要なアプローチの1つです（P.124参照）。ITILでは、カスタマー・ジャーニーを次のように定義しています。

■ カスタマー・ジャーニーの定義

> 顧客が1つまたは複数のサービス・プロバイダまたはその製品との間で、タッチポイントおよびサービスのやり取りを通じて体験する、すべてのエンド・ツー・エンドの体験

定義だけではイメージが湧きづらいため、具体的な例で考えてみましょう。

A社は、店舗とオンライン両方でサービス提供しているアパレルショップです。私はA社ブランドの大ファンで、A社の店舗でこれまで様々な服やシューズを購入しています。店舗の店員は私を常連として扱い、趣味趣向を把握しているため最適な服やシューズをお勧めしてくれます。私はA社製品だけでなく、店員の接客品質にも大変満足しています。

あるとき、海外出張で長期不在となり店舗に来店することが難しくなったため、オンラインでもA社の商品を購入することにしました。その際、不明点があったためコールセンターへ問い合わせをしたのですが、電話を受けた担当者の対応が非常に悪く、常連客なのに基本情報を何度も聞かれ、一気にA社に対する評価が低下しました。製品購入後もメールや電話で画一的な情報提供や売り込みがあり、A社のファンであった気持ちも徐々に薄れてきました。

この例では、私（顧客）と、A社（サービス・プロバイダ）との接点は、購入時の店舗、オンラインショッピングサイト、コールセンター、購入後のメール、営業活動など、多岐にわたります。おそらくサービス・プロバイダのそれぞれの担当者は、担当者の役割を果たすために努力していますが、顧客の目線で見たとき、果たして常連客として求める体験価値を提供できているでしょうか？答えはNoでしょう。

サービス・プロバイダは、単にサービスや製品を提供すれば良いわけではなく、顧客に最良の体験を提供することが求められています。その際、顧客とサービス・プロバイダ間には様々な接点がありますが、重要なのは各接点を個別に捉えるのではなく、顧客目線でサービスを通して得られる体験を全体俯瞰的（エンド・ツー・エンド）に捉え、顧客の体験価値を高めることです。この全体俯瞰的に捉えられた、**顧客がサービスを通して体験する一連の旅路**を、カスタマー・ジャーニーと呼びます。

カスタマー・ジャーニーにおける7つのステップ

カスタマー・ジャーニーは**「探求」「エンゲージ」「提案」「合意」「オンボーディング」「共創」「実現」**の7つのステップで構成されます。

■ カスタマー・ジャーニーにおける7つのステップ※1

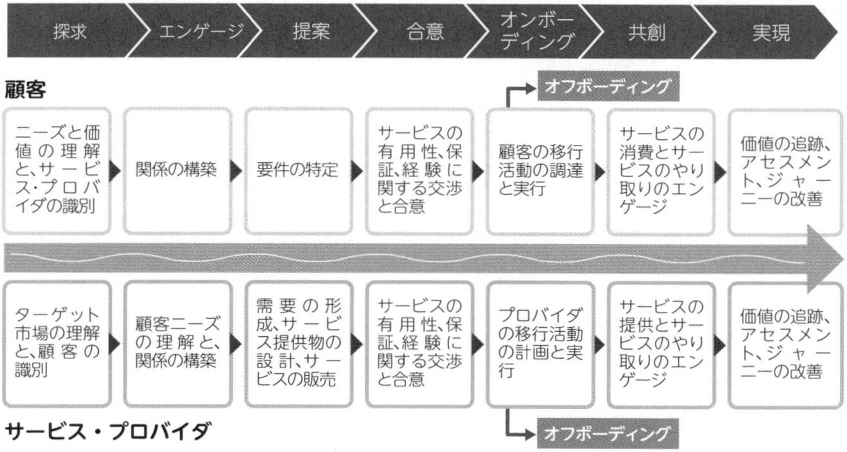

※1　Based upon AXELOS® ITIL ® materials. Material is used under licence from AXELOS Limited. All rights reserved.

・**探求**

探求は、**市場と利害関係者を理解する**ステップです。カスタマー・ジャーニーの多くは、顧客とサービス・プロバイダ間で関係を築く前から始まっています。顧客はニーズを充足する可能性のあるサービスおよびサービス・プロバイダを調査します。また、サービス・プロバイダは自身のサービスを求める機会や需要（SVSやSVCのインプット）について探求します。

■ 探求の例

登場人物	A社（アパレルショップ）の例
顧客	自分の好みの商品（服やシューズ）を販売している店を、様々な媒体（雑誌、TV、Web、実店舗など）から探す
サービス・プロバイダ	提供している（または今後提供を予定している）商品を求めている顧客がいないか、市場調査（既存顧客へのヒアリング含む）を実施する

・**エンゲージ**

エンゲージは、**関係を育てる**ステップです。顧客とサービス・プロバイダ間で価値を共創するためには、良好なパートナーシップや協力関係が必須条件となります。本ステップでは、利害関係者も含めた相互の信頼関係を構築します。

■ エンゲージの例

登場人物	A社（アパレルショップ）の例
顧客	店舗に行って店員と会話する、Webから気になる点を問い合わせるなどにより、関係性を築く
サービス・プロバイダ	自社商品に興味を持つ顧客に対して、店舗で店員が声がけをする、メールで商品情報を提供するなどにより、関係性を築く

・**提案**

提案は、**需要とサービス提供物を形作る**ステップです。顧客とサービス・プロバイダ双方がメリットを得られるかを判断するために、顧客のニーズと、サービス・プロバイダが提供するサービスの内容が一致しているかを確認します。

■ 提案の例

登場人物	A社（アパレルショップ）の例
顧客	自分が求める商品の具体的なイメージ（素材や色、形など）を要望として店員に伝える
サービス・プロバイダ	顧客が欲しい商品のイメージを具体的に把握し、要望を満たす商品を提案する

・合意

合意は、**期待を調整し、サービスに合意する**ステップです。提案ステップで確認したサービスの内容について、投資判断をする前に、サービス適用範囲、品質、コストなどのサービスレベルを具体的に認識合わせした上で、正式に顧客とサービス・プロバイダ間で合意します

■ 合意の例

登場人物	A社（アパレルショップ）の例
顧客	サービス・プロバイダから提案された商品や会員サービス、サポートサービスなどについて、自分の要望が満たされるかを確認する
サービス・プロバイダ	顧客と具体的な商品およびサービスについて、内容を確認し、合意する

・オンボーディング

オンボーディングは、**サービス利用（または停止）の準備**ステップです。顧客がサービスを利用、または利用停止（オフボーディング）するために必要となる各種手続き（サービスの移行も含む）を実施します。

■ オンボーディングの例

登場人物	A社（アパレルショップ）の例
顧客	商品の使い方や、会員サービスやサポートサービスへのアクセス方法（Webなど）について説明書などを読んで理解を深める
サービス・プロバイダ	顧客が商品を正しく利用するための説明や、会員サービスを利用するための会員IDおよびカードの発行などを行う

■ オフボーディングの例

登場人物	A社（アパレルショップ）の例
顧客	A社商品やサービスへの魅力を感じなくなったため、会員サービスやサポートサービスを解約する
サービス・プロバイダ	会員サービスを利用するための会員IDおよびカードの停止手続きを実施する

・**共創**

共創は、**提供および消費する**ステップです。顧客はアクセス可能なサービス・プロバイダのリソースにアクセスし、提供された商品またはサービスを利用します。また、サービス・プロバイダと協力し合意されたサービスを利活用しながら価値を共創します。

■ 共創の例

登場人物	A社（アパレルショップ）の例
顧客	商品またはサービスを利用する
サービス・プロバイダ	顧客に対する継続的な情報提供や、会員向けのイベント（ファッションショーへの招待など）を実施する

・**実現**

実現は、**価値を獲得し、改善する**ステップです。共創ステップで提供されたサービスについて、各サービスが創出した価値をモニタリングし、評価することで改善活動を推進します。継続的改善活動により、サービスの価値を継続的に維持、向上させていきます。

■ 実現の例

登場人物	A社（アパレルショップ）の例
顧客	商品やサービスに対する満足度調査などに回答し、今後の改善点（色の種類を増やしてほしいなど）を伝える
サービス・プロバイダ	顧客から収集した満足度調査の回答を分析し、商品またはサービス改善を検討する

カスタマー・ジャーニーを設計するメリット

カスタマー・ジャーニーの特徴は、**顧客およびサービス・プロバイダの双方にとってメリットがある**ことです。これは、顧客とサービス・プロバイダがともに、価値を共創する関係性を持つための必須要件と言えます。

顧客とサービス・プロバイダのメリットを整理したものが、下の図です。次節以降の説明でも同様に、顧客とサービス・プロバイダ双方の視点から、それぞれのメリットを確認していきます。

■カスタマー・ジャーニーを把握するメリット※2

	顧客 	サービス・プロバイダ 
成果と体験価値を高める	・最適なサービスの価値および体験を得られる（時には、期待を上回る感動体験を得られる）	・顧客の体験を特定し、サポートや最適化、改善を行うことができる ・顧客の満足度向上に注力し、投資の便益を最大化できる
リスクとコンプライアンスを最適化する	・ライフサイクル全体で、リスクやコンプライアンスへの対処が可能	
リソースを最適化し、コストを最小化する	・ライフサイクル全体で、リソースの最適化およびコストの最小化が可能	

まとめ

- **カスタマー・ジャーニーは、顧客がサービスを通して体験する一連の旅路**
- **「探求」「エンゲージ」「提案」「合意」「オンボーディング」「共創」「実現」の7ステップで構成され、それぞれで発生するやり取りを設計することで、価値を最大化**

50 探求

カスタマー・ジャーニーの1つ目のステップは、探求です。探求は、顧客とサービス・プロバイダが関係性を築く前の段階で行われる活動で、顧客は最適なサービス・プロバイダを探求し、サービス・プロバイダは市場を探求します。

探求ステップの目的およびメリット

探求は、**市場と利害関係者を理解する**ステップです。カスタマー・ジャーニーの多くは、顧客とサービス・プロバイダ間で関係を築く前から始まっています。顧客はニーズを充足する可能性のあるサービスおよびサービス・プロバイダについて、Web検索やイベント参加などにより調査します。また、サービス・プロバイダは自身のサービスを求める機会や需要（SVSやSVCのインプット）について、アンケート調査やヒアリングなどで探求します。

本ステップのメリットは、以下の通りです。

■ 探求ステップのメリット※1

	顧客 ニーズと価値の理解と、サービス・プロバイダの識別	サービス・プロバイダ ターゲット市場の理解と、顧客の識別
成果と体験価値を高める	・自身のニーズと制約をすべて把握し、それらを明確にできる ・最も適切かつ有益なサービスプロバイダを特定できる ・最も有益なサービスを優先することができる	・適切な顧客に対し、適切なサービスを開発できる ・サービスを確立して売り込む上で必要な、市場に関する知識を十分に獲得できる ※内部のサービス・プロバイダの場合、「市場」とはそのサービス・プロバイダが所属する組織を指す
リスクとコンプライアンスを最適化する	・不適切なサービスに投資するリスクを最小化できる ・自社のリスクに対する考え方と合致するサービス・プロバイダとサービスを特定できる	・競合他社の把握、絞り込みができる ・サービス・プロバイダにメリットがないサービス消費者と関係性を持つことを防ぐことができる
リソースを最適化し、コストを最小化する	・不適切なサービスを選択し、投資するリスクを回避できる ・金額に見合った価値を提供するサービス・プロバイダを特定できる	・競合他社を把握することで、サービスの絞り込み、ポートフォリオの最適化が可能になる

探求ステップの活動

探求ステップの活動は、以下の４つがあります。

・顧客自身のニーズと制約の把握

顧客は、サービスに対するニーズを検討する前に、組織の目的やサービス活用により影響のある、組織内の環境と外部環境の制約を理解する必要があります。これらの整理・分析には、３章で紹介した４つの側面やPESTLEの観点が活用できます。また、組織の目的を整理する際には、P.115でご紹介したITIL継続的改善モデルも活用できます。

・サービス・プロバイダとその提案の理解

顧客は、必要とするサービスに対して、選択可能なサービス・プロバイダを調査します。サービス・プロバイダは通常、自社ブランドやサービスを宣伝しているため、顧客はそれらの情報を収集し、候補リストを作成します。候補リスト作成にあたっては、提供される機能、料金だけでなく、サービス・プロバイダの実績、スキル、組織規模、信用など、様々な観点で評価します。

・市場の理解

サービス・プロバイダは、市場分析などを実施し、顧客の期待値や購買パターン、競合他社の状況、市場規模や事業機会などを把握します。その情報を基に、「我々はこの市場で価値のあるサービスを提供できるのか？」を評価します。

・市場の絞り込み

サービス・プロバイダは、市場を理解した上で、自社がターゲットとすべき顧客を定義し、その顧客に訴求するメッセージを発信するために、マーケティング活動を実施します。例えば、製品の販売促進キャンペーン、SNSや広告媒体を活用したブランド強化などです。

まとめ

- **探求は、顧客とサービス・プロバイダが関係を築く前段階で、市場と利害関係者を理解するステップ**
- **「顧客自身のニーズと制約の把握」「サービス・プロバイダとその提案の理解」「市場の理解」「市場の絞り込み」の活動がある**

51 エンゲージ

カスタマー・ジャーニーの2つ目のステップは、エンゲージです。エンゲージは、関係を育てるステップです。本ステップでは、利害関係者も含めた顧客およびサービス・プロバイダ相互の信頼関係を構築します。

エンゲージステップの目的およびメリット

エンゲージは、**関係を育てる**ステップです。顧客とサービス・プロバイダ間で価値を共創するためには、良好な関係構築が必須条件となります。例えば、顧客の組織およびサービス・プロバイダ双方の経営層で、定期的な戦略レベルの情報交換を実施するなどです。

本ステップのメリットは、以下の通りです。

■ エンゲージステップのメリット※1

	顧客 関係の構築	サービス・プロバイダ 顧客ニーズの理解と、関係の構築
成果と体験価値を高める	・Win-Winを実現するためのビジョンを共有することで、サービス・プロバイダからより高い（潜在的な）価値、顧客体験を得ることができる ・サービス・プロバイダの賛同をより多く集めることで、サービスデザインの有効性と効率性を高めることができる ・サービス・プロバイダと効率的にコミュニケーションを取ることで、期待、ニーズ、好みについてより明確な共通理解が得られる	・Win-Winを実現するためのビジョンを共有することができる ・既存顧客を育て、維持することで、サービス供給を増やすことができる ・新規顧客を発見し、競争優位性を強化できる ・顧客の賛同をより多く集めることで、改善の機会を得ることができる ・意思決定のためのより良い情報を入手することができる
リスクとコンプライアンスを最適化する	・複雑さのレベルを低減することができる ・長期的な成功の可能性を高めることができる	
リソースを最適化し、コストを最小化する	・サービスへの支出を減らすことができる ・交渉や活動のコントロールにかかる時間と労力を減らすことができる	

※1 Based upon AXELOS® ITIL ® materials. Material is used under licence from AXELOS Limited. All rights reserved.

エンゲージステップの活動

エンゲージステップの活動は、以下の4つがあります。

・コミュニケーションおよび協働

関係性を構築する基本は、コミュニケーションです。効果的なコミュニケーションにより良好な関係を築くことで、不必要な争いやコスト増、品質の低下を防止します。

・サービス関係のタイプを理解

顧客とサービス・プロバイダの関係には、注文を一度受けるだけの薄いつながりから、信頼できるアドバイザ的な関係や、双方にとって代替が効かない重要な戦略的パートナとしての結びつきまで、様々なものがあります。

・サービス関係を構築

サービス関係のタイプを理解した上で、サービス関係を構築します。信頼関係を構築するためには、能力・スキル、責任感、一貫性のある姿勢が重要です。また、関係構築はその他利害関係者への考慮も必要となります。これついては、コラム（P.256参照）でご紹介します。

・パートナおよびサプライヤを管理

サービス・プロバイダが提供するサービスは、他のパートナやサプライヤに依存しているケースが多いため、パートナやサプライヤとの信頼関係も重要となります。顧客は、サービス提供に間接的に関わるパートナやサプライヤとの関係性にも十分留意しましょう。

まとめ

- **エンゲージは、利害関係者も含めた顧客およびサービス・プロバイダ相互の信頼関係性を構築するステップ**
- **「コミュニケーションおよび協働」「サービス関係のタイプを理解」「サービス関係を構築」「パートナおよびサプライヤを管理」の活動がある**

52 提案

カスタマー・ジャーニーの3つ目のステップは、提案です。提案は、需要とサービス提供物を形作るステップです。本ステップでは、顧客のニーズとサービス・プロバイダの提供内容が一致していることを確認します。

提案ステップの目的およびメリット

提案は、**需要とサービス提供物を形作る**ステップです。顧客とサービス・プロバイダ双方がメリットを得られるかを判断するために、顧客はサービス要件をまとめた提案依頼書（RFP）などを用いてニーズを明確に伝え、各サービス・プロバイダがそのニーズに合致するサービス提供物（提供可能なサービスの組み合わせ）を提案します。

本ステップのメリットは、以下の通りです。

■ 提案ステップのメリット※1

	顧客	サービス・プロバイダ
		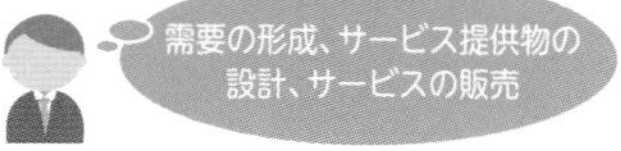
成果と体験価値を高める	・サービス消費者の真のニーズと需要を、顧客が明確に伝えられるようになる	・価値が創造される仕組みをサービス消費者と共に理解することで、その価値創造をどのようにサポートすればよいかを把握できる ・サービス・プロバイダが、供給と需要のバランスをとれる
リスクとコンプライアンスを最適化する	・サービスを購入しても実際のニーズが満たされないリスクを最小化できる ・サプライヤが消費者のニーズを誤解するリスクを低減できる	・実現不可能なサービスを約束するリスクを最小化できる ・顧客が不満を感じるリスクを最小化できる
リソースを最適化し、コストを最小化する	・顧客組織の投資利益が最適化する分野に資金を投資できる	・時間とリソースが最適化された分野で使用してもらえる

※1 Based upon AXELOS® ITIL ® materials. Material is used under licence from AXELOS Limited. All rights reserved.

提案ステップの活動

提案ステップの活動は、以下の4つがあります。

・機会と需要の管理

サービスの価値は、サービス・プロバイダの供給と顧客の需要が一致して初めて共創されます。サービス・プロバイダは、機会を最適化するために、機会や需要（SVSやSVCのインプット）を管理し、キャパシティを最適な状況に保ちます。

・顧客要件の特定と管理

顧客とサービス・プロバイダ間で、顧客要件を関係者に幅広くオープンにし、透明性が高いプロセスで要件を管理します。プロセスの早い段階で要件を固めすぎると、顧客要件が十分に引き出せない可能性があります。そのような状況を防ぐために、顧客やサービス・プロバイダ以外に、事業分析を実施する専門家を関与させることで、顧客要件を引き出す場合もあります。

・サービス提供物と顧客体験の設計

設計プロセスは、サービス・プロバイダに任せきりにするのではなく、顧客も関与します。昨今のサービス開発では、頻繁なフィードバック、継続的な検証による反復的なアプローチを採用し、顧客とサービス・プロバイダが共創しながら体験価値を設計することが求められています。

・サービス提供物の販売および取得

サービス・プロバイダはサービスを販売するために、価格を設定します。内部への販売であれば、費用のみを請求するケースもあります。一方で顧客は、RFI（情報提供依頼）、RFP（提案依頼）、見積もり依頼など、状況に応じた購入手法を利用して、ニーズに合致したサービスを取得します。

まとめ

- **提案は、需要とサービス提供物を形作るステップ**
- **「需要と機会の管理」「顧客要件の特定と管理」「サービス提供物と顧客体験の設計」「サービス提供物の販売および取得」の活動がある**

53 合意

カスタマー・ジャーニーの4つ目のステップは、合意です。合意は、サービス・プロバイダと顧客の間で期待値を調整し、対象サービスの範囲と品質、コストなどのサービスレベルについて共通の認識を持つことです。

合意ステップの目的およびメリット

合意は、**期待を調整し、サービスに合意する**ステップです。サービス・プロバイダが提案したサービス内容について、サービス適用範囲、品質、コストなどを顧客が評価し、具体的な詳細要件と価格を交渉します。最終的に選定されたサービス・プロバイダは、契約内容について正式に顧客と合意します。

本ステップのメリットは、以下の通りです。

■ 合意ステップのメリット※1

	顧客 サービスの有用性、保証、経験に関する交渉と合意	サービス・プロバイダ サービスの有用性、保証、経験に関する交渉と合意
成果と体験価値を高める	・提供されるサービスによって、顧客とユーザーの要件および期待を確実に満たすことができる ・サービスとサービス関係から得られる潜在的な価値を高めることができる ・すべての利害関係者間で、サービス品質・責任についての共通理解が得られる	・サービスとサービス関係からの現実的な期待を得られる ・サービスとサービス関係から得られる潜在的な価値を高めることができる ・すべての利害関係者間で、サービス品質・責任についての共通理解を得られる
リスクとコンプライアンスを最適化する	・十分なサービス品質のコントロールと透明性を担保できる ・コンプライアンス違反のリスクを低減できる ・サービス関連リスクに関する共通の理解が得られる ・移転できないリスクを補完するコントロールを、合意によって用意できる	・当事者間の誤解と認識のズレを緩和できる ・コンプライアンス違反のリスクを低減できる ・サービス関連リスクについての共通の理解が得られる ・サービスの価値と関連する支払いに関する共通の理解を確実にし、支払いに関する紛争や遅延のリスクを緩和できる
リソースを最適化し、コストを最小化する	・サービス消費コストを最適化できる ・サービス消費コストと関連する支払いに関して、共通の理解が得られる ・交渉・合意コストと全体的なリソース利用を最適化できる	・サービス供給コストを最適化できる ・サービス供給コストについての理解が得られる ・交渉・合意コストと全体的なリソース利用を最適化できる

合意ステップの活動

合意ステップの活動は、以下の2つがあります。

・価値共創の合意と計画立案

顧客とサービス・プロバイダ間で共創した結果生まれる価値を定義し、利害関係者も含めて合意します。また、定義した価値をいつ、だれが、どのようにモニタリング・評価するのかについて、計画を立案します。

サービスデスクの場合、価値として「ユーザ満足度向上」があります。問い合わせに迅速に対応することで、ユーザの業務が止まる時間を最小化し、満足度向上を実現します。この場合のモニタリング・評価は、満足度調査の結果や、ITSM管理ツールに登録されたデータや時間をもとに行うことが考えられます。

・サービスの交渉と合意

サービスの交渉と合意の内容には、一般的に、サービスの機能、サービスレベル、価格、地域、提供期間、管理方法、改善アプローチなどが含まれます。

また、合意の形態にもいくつか種類があります。法律や規制など義務に基づく事項、品質など顧客との合意に基づく事項、紳士協定的に文書化されていないが暗黙の約束に基づいた事項などがあります。

■ サービス交渉の適用範囲と合意形態

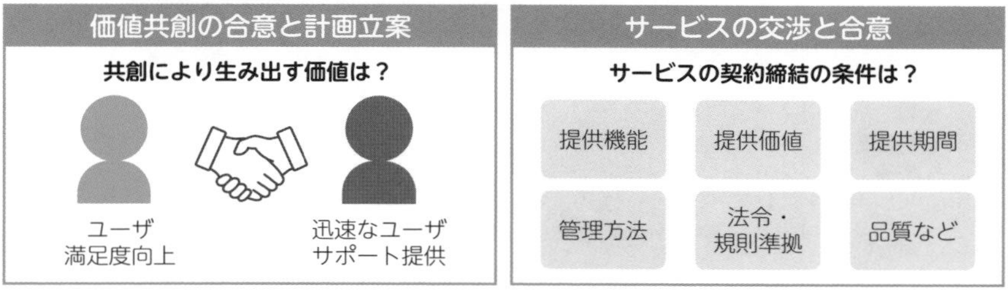

まとめ

- **合意は、期待を調整し、サービスに合意するステップ**
- **「価値共創の合意と計画立案」「サービスの交渉と合意」の活動がある**

54 オンボーディング

カスタマー・ジャーニーの5つ目のステップは、オンボーディングです。オンボーディングは、トレーニングや接続環境の準備など、サービス・プロバイダがサービスを提供するために準備を整える活動です。

オンボーディングステップの目的およびメリット

オンボーディングは、**サービス利用（または停止）の準備**ステップです。顧客がサービスを利用、または停止（オフボーディング）するために必要となる各種手続き（サービスの移行も含む）を実施します。例えば、顧客やユーザに向けたトレーニングの実施や、サービスにアクセスするためのアカウント発行や権限設定などです。

本ステップのメリットは、以下の通りです。

■ オンボーディングステップのメリット[※1]

	顧客 顧客の移行活動の調達と実行	**サービス・プロバイダ** プロバイダの移行活動の計画と実行
成果と体験価値を高める	・新たなサービス・プロバイダとの協力による価値を最大化できる ・サービスの効果的な利用を通じて、高い投資利益を確保できる ・サービスの効率的な利用を通じて、事業運営の有効性・効率性を向上できる ・ユーザ体験を改善できる	・新たなサービス消費者（顧客やユーザ）の協力による価値を最大化できる ・新たなサービスとサービス・プロバイダに対する全体的な認識を改善できる ・顧客とユーザのロイヤリティとエンゲージメントを高めることができる
リスクとコンプライアンスを最適化する	・ユーザからのインシデントや質問が発生する可能性を抑えることができる ・新たなサービスまたはサービス・プロバイダへの移行にかかる時間を短縮できる	・サービス品質に関わるインシデントと関連する違反行為が発生する可能性を抑えることができる ・新しいサービスまたはサービス・プロバイダに対するユーザの抵抗感を緩和できる
リソースを最適化し、コストを最小化する	・新しいサービスまたはサービス・プロバイダへの移行に伴うコストと損失を軽減できる ・ユーザのトレーニングやサポートにかかるコストを最小化できる	・移行コストを低減できる ・ユーザのサポートにかかるコストを軽減できる ・オンボーディングコストと全体的なリソースの利用を最適化できる

※1 Based upon AXELOS® ITIL ® materials. Material is used under licence from AXELOS Limited. All rights reserved.

オンボーディングステップの活動

オンボーディングの活動は、以下の6つがあります。

・オンボーディングの計画立案

オンボーディングの計画立案は、オンボーディングの目的および適用範囲を定義し、必要な活動を計画し、スケジュールを作成します。目的達成に向けた検討ポイントの例は、以下の通りです。

■ 計画立案時の検討ポイントの例

・ユーザのトレーニングは必要か？
・サービスを利用するためのプロセス、手順などは準備されているか？
・PCやネットワーク、アクセス権限などの環境は整っているか？

・ユーザとの関わりと関係性の構築

関係性の構築においては、企業ユーザと個人ユーザでアプローチが異なります。企業ユーザの場合は、組織や業務の変更に伴って、ITサービスのオンボーディングが頻繁に発生します。よって、社内外のサービス・プロバイダも含む関係者がオンボーディングをプロジェクトとして統括しながら、一貫性を持って推進することが重要となります。

一方で、個人ユーザの場合は、それぞれITに対するスキルレベルが異なるため、個人ユーザがサービスの使い方に困らないよう、トレーニングを実施します。また、利便性を考慮し、シンプルかつ迅速な（可能であれば自動的に）手続きが実行できるように案内します。

・ユーザエンゲージメントと提供チャネルを整備

優れたユーザ体験を提供するためには、適切なユーザエンゲージメントと提供チャネルの整備が重要となります。ユーザは、ソーシャルメディア（SNS）、Web、対面、電話、モバイルアプリなど様々なチャネルを活用し、サービス・プロバイダとやりとりを行います。

ユーザとの接点となるチャネルおよびユーザ体験を管理することを、**オムニ**

チャネル管理と言います。サービス・プロバイダは、各ユーザとの接点における体験価値を高めるために、様々な施策を検討します。なお、オムニチャネルについては、「サービスデスク」(P.135参照) でも紹介しています。

・ユーザにサービスの利用権限を付与

ユーザがサービスを利用するためには、サービスを利用する権限をサービス・プロバイダから付与してもらう必要があります。適切なユーザが適切な権限でアクセスできるように、年齢制限やID確認を行う仕組みを確立したり、サービスに接続するための特別なアプリケーションやその他環境を準備したりします。サービスによっては、最低限のトレーニングを受講し、認定を受けたユーザのみがアクセスできるようにする場合もあります。

これらの準備は、基本的にオンボーディング活動の中で実施されますが、IDや権限の管理は定期的な棚卸しや見直しが必要になるため、次ステップ以降においても継続的に実施します。

・お互いの能力を向上

オンボーディングでは、顧客およびユーザとサービス・プロバイダの双方が能力を向上できるよう、様々な工夫が必要となります。例えばサービス・プロバイダからは、顧客およびユーザが効率的・効果的にサービスを利用できるよう、ユーザ目線でのトレーニングやマニュアルの提供を行います。一方で、顧客からは、顧客組織の戦略目標や、業務概要、業務の重要度やサービス利用環境など、サービス・プロバイダが顧客業務の理解を深められるよう情報提供(または勉強会など) を行います。

お互いの能力向上は、価値共創には必須であり、この取り組みはオンボーディングだけではなく、カスタマー・ジャーニーの各ステップにおいて様々な取り組みが実施されます。

・顧客とユーザをオフボーディング

顧客とユーザのオフボーディングは、サービス契約の満了または終了に伴い、サービス・プロバイダが主体となり実施します。例えばサービス契約満了に伴い、他のサービスへの切替を実施する場合、アクセス権限の変更や、活動の役割・責任の変更、プロセスや作業手順の変更が発生します。また、ハードウェアの交換、ソフトウェアのインストール／アンインストールなど、技術面での変更もあります。もちろん、契約面での変更も発生します。

オフボーディングの際に、特に注意が必要なのは、情報セキュリティ管理と資産管理です。例えば、退職したユーザが該当の資産にアクセスできないように変更する必要があります。また、そのユーザが利用していたデータが安全に保管され、権限のあるユーザのみがアクセスできる状態であることを担保することが重要です。

■ サービス・プロバイダ間の切替活動の例

サービスマネジメントの側面	変更活動の例
組織と人材	ユーザアクセスの変更 サービス・プロバイダのアクセスの変更
バリューストリームとプロセス	共同活動の責任の変更 手順とインタフェースの変更
情報と技術	チャネルの変更 機器のインストールおよび取り外し システム統合 レコードのアーカイブ
パートナとサプライヤ	サービス・プロバイダおよびサービス消費者と、 サプライヤやパートナの契約締結、切り替え、終了

まとめ

- **オンボーディングは、カスタマー・ジャーニーに参加する、またはカスタマー・ジャーニーから離脱するステップ**
- **オンボーディングの活動についても、双方で価値を共創。サービス・プロバイダがサービス開始に向けた準備を行うだけでなく、顧客からの情報提供も実施する**

55 共創

カスタマー・ジャーニーの6つ目のステップは、共創です。共創はカスタマー・ジャーニーにおいて最も重要なステップであり、これまでのすべてのステップは、この共創ステップを実現するためにあると言ってもよいでしょう。

共創ステップの目的およびメリット

共創は、**提供および消費する**ステップです。顧客はアクセス可能なサービス・プロバイダのリソースにアクセスし、提供された商品またはサービスを利用します。また、サービス・プロバイダと協力しながら、合意されたサービスを利活用して価値を共創します。例えば、サービスデスクとの日々のコミュニケーション、定期的なユーザ・コミュニティや勉強会の開催などです。

本ステップのメリットは、以下の通りです。

■ 共創ステップのメリット※1

	顧客 サービスの消費とサービスのやり取りのエンゲージ	サービス・プロバイダ サービスの提供とサービスのやり取りのエンゲージ
成果と体験価値を高める	・サービス消費者の適切な利用を通じて、ユーザと顧客の体験を改善することができる ・効果的なコラボレーションを通じて、感情面でユーザ体験と顧客体験を改善できる ・従業員や、外部の利害関係者の満足度を改善できる ・生産性を向上できる	・顧客とユーザのロイヤリティを改善できる ・継続的に改善するためのフィードバックと真実の瞬間（P.134参照）を通じて、貴重な情報を入手できる ・従業員の満足度を改善できる ・生産性を向上できる
リスクとコンプライアンスを最適化する	・連帯の強化と現実的な期待値を通じて、価値の損失リスクを軽減できる ・迅速なサポートと、価値を優先した改善を通じて、サービスの品質が逸脱するリスクを軽減できる ・効果的なコミュニケーションとコラボレーションをを通じて、情報を失うリスクを軽減できる	・サービス品質に関わるインシデントと、関連する違反行為が発生する可能性を抑えることができる ・ロイヤルクレジットを通じて、サービス品質の逸脱に対するユーザーの許容度を高めることができる
リソースを最適化し、コストを最小化する	・消費するサービス品質が低いことに関連する損失を軽減できる ・サービス消費のコストを最適化できる	・サービス供給の運用コストを最適化できる ・ユーザサポートのコストを低減できる

共創ステップの活動

共創活動は、「サービスマインドセットの促進」「継続的なサービスのやり取り」「ユーザ・コミュニティの育成」の3つがあります。

・サービスマインドセットの促進

サービスマインドセットとは、組織の文化や行動指針となるもので、特に重要なのがサービスの共感です。サービスの共感とは、**顧客やユーザの関心、ニーズ、意図、体験などを認識、理解、予想、予測する能力**を指します（P.134参照）。これは、直接ユーザと接点があるサービス・プロバイダだけではなく、すべての利害関係者に求められる心構えです。

・継続的なサービスのやり取り

継続的なサービスのやり取りには、様々なパターンがあります。ユーザ側からは、サービスポータルでの問い合わせや、サービスデスクへの電話があります。反対に、サービス・プロバイダからは、モバイルまたはPC端末に対して自動的に行うソフトウェア更新などがあります。なお、本活動の詳細については、「サービスデスク」および「サービス要求管理」をご確認ください。

・ユーザ・コミュニティの育成

ユーザ・コミュニティとは、通常の運用や障害対応、その他の困難な状況における失敗・成功事例について、振り返りを行うための勉強会のことです。対応方針のアドバイスとなるナレッジの共有や、ディスカッションを通じて、スキルアップを図ることができます。日本でも、最近では様々なユーザ・コミュニティがあり、サービス・プロバイダも積極的に参加することで価値共創を実現しています。

まとめ

- **共創は、提供および消費するステップ**
- **「サービスマインドセットの促進」「継続的なサービスのやり取り」「ユーザ・コミュニティの育成」の活動がある**

56 実現

カスタマー・ジャーニーの7つ目のステップは、実現です。実現は、利害関係者が期待した価値について、カスタマー・ジャーニーのすべてのステップで実現できたかをモニタリング・評価し、継続的な改善を推進します。

実現ステップの目的およびメリット

実現は、**価値を獲得し、改善する**ステップです。共創ステップで提供されたサービスについて、各サービスが創出した価値をモニタリングし、評価することで改善活動を推進します。例えば、顧客やユーザからのフィードバックを受けて、サービス改善案を検討するなどです。この活動を継続的に実施することで、サービスの価値を維持、向上させていきます。

本ステップのメリットは、以下の通りです。

■ 実現ステップのメリット※1

	顧客 価値の追跡、アセスメント、ジャーニーの改善	サービス・プロバイダ 価値の追跡、アセスメント、ジャーニーの改善
成果と体験価値を高める	・計画した価値を実現できる ・サービス品質に関するフィードバック提供を通じて、サービス・プロバイダとの効果的なコミュニケーションを確立できる	・サービス・プロバイダの価値を実現できる（収益、能力向上など） ・顧客からのフィードバックを増やすことができる ・サービスの運用と改善に対する顧客の関与を増やすことができる
リスクとコンプライアンスを最適化する	・必要に応じてリソースを再配分するため、望ましい状態からのギャップを検知できる	・顧客満足度が低下する前に、望ましい状態からのギャップを検知できる ・顧客不満のリスク軽減など、実現された価値を証明できる
リソースを最適化し、コストを最小化する	・リソースの非効率な配分を回避できる ・どのように価値を創出するか、および代替案は何かを検討できる	・リソースの非効率的な配分を回避できる ・確実にコストを回収できる

※1 Based upon AXELOS® ITIL ® materials. Material is used under licence from AXELOS Limited. All rights reserved.

実現ステップの活動

実現活動は、「様々な状況でサービス価値を実現」「価値の実現の追跡」「価値の実現の分析および報告」「価値の実現の評価とカスタマー・ジャーニーの改善」「サービス・プロバイダの価値の実現」の5つがあります。

・様々な状況でサービス価値を実現

まずは、サービス・プロバイダと顧客の関係性に応じた実現方法を検討する必要があります。例えば、既成サービスや標準化されたサービスであれば、顧客の改善要望が受け入れられる可能性は低いでしょう。その一方で、深い信頼関係がある戦略的パートナであれば、価値のモニタリング・評価を共同で実施することが多いため、サービス・プロバイダが顧客のフィードバックに応えて改善活動を推進する可能性は高いと考えられます。

・価値の実現の追跡

顧客は、価値の実現を追跡するために、継続的改善モデルでご紹介した「目標（KGI）—重要成功要因（CSF）—重要業績指標（KPI）」モデルを使って、モニタリングおよび評価を実施します（P.119参照）。

価値測定の基準は、3種類あります。1つ目は、サービスの機能性を測定する「**実務的な体験**」です。例えば、サービスにアクセスした際に、「アクセスできません」というエラーメッセージが表示される体験などが該当します。

2つ目は、サービスの使い心地を測定する「**感情的な体験**」です。例えば、ユーザがワークフローシステムで承認を実施する際に、モバイル端末を使って移動しながら簡単に承認ができる体験などが該当します。

そして3つ目が、顧客やユーザの要望に対するサービスの充足度を測定する「**満足度**」です。例えば、SaaSのサブスクリプションモデルで提供されているようなアプリケーションであれば、試用期間が終了した後に顧客が解約した場合、満足度は低いと判断できます。また、サービスデスクによるサポートなどであれば、顧客満足度調査という形でサービスに対する評価（例えば5段階評価）を実施します。

■ サービス体験と満足度のモニタリング例

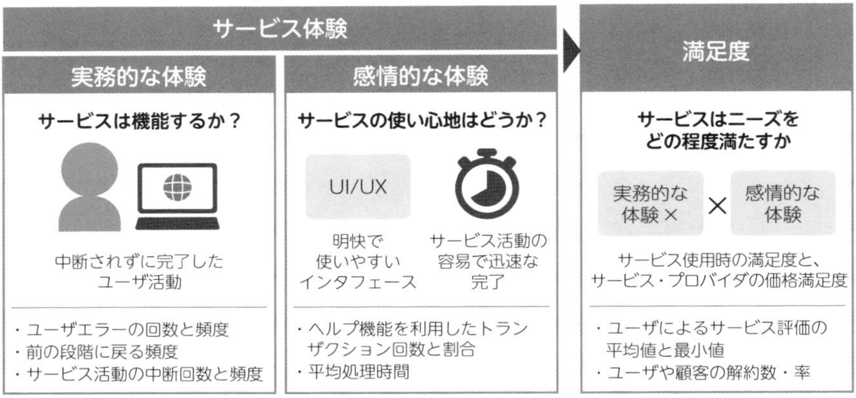

・価値の実現の分析および報告

顧客は、価値が実現されたかを分析し、結果を関係者へ報告します。ITILでは2つの報告レベルでその特徴を整理しています。

1つ目は**サービスパフォーマンスの報告**です。SLAで定義したKPIに対する達成度を報告します。2つ目は、**成果、リスク、コストの報告**です。サービス体験、成果、リスク、コストなども整理し、顧客の達成目標や目的と関連付けます。いずれについても、手作業での整理は負荷が高く、情報の信頼性も低くなるため、ツールを活用した情報収集、蓄積、分析、可視化が必須となります。

■ 報告の例

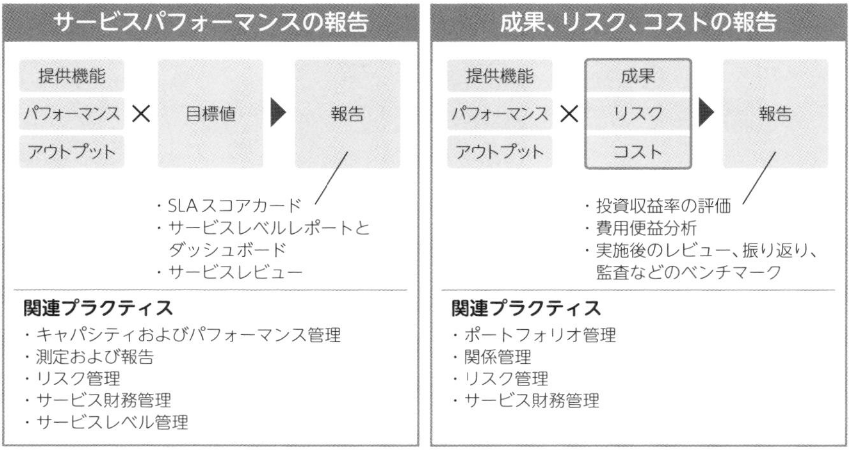

・**価値の実現の評価とカスタマー・ジャーニーの改善**

本活動は、継続的改善モデルの「6. 我々は達成したのか？」「7. どのようにして推進力を維持するのか？」に該当します（P.120参照）。顧客は、以下のポイントについて確認することで、改善点を検討します。

■確認するポイント

・サービスの観点
→サービスは意図した価値を創出しているか？
→当初定義された価値は今も変わらないか？
・カスタマー・ジャーニーの観点
→望まれた顧客体験は達成されたか？
→組織のSVSは目的達成に適した仕組みとなっているか？

・**サービス・プロバイダの価値の実現**

ここまで解説した4つの活動は、サービス・プロバイダが価値を実現する際にも同様に有効です。サービス・プロバイダも、顧客との信頼関係の構築、価値を分析・評価するためのITSMツールの構築、報告に必要なデータの収集・分析などの支援によって、顧客が実施する活動に貢献できます。

サービス・プロバイダが実現活動を行う上で重要なのは、自らの事業目標のみを考えるのではなく、**顧客やユーザにとっての価値は何かを常に追求すること**です。サービス・プロバイダの側で独自にモニタリング・評価の軸（基準）を設定する場合は、顧客に求められている報告内容と整合性がとれるようにしましょう。

まとめ

- **実現は、価値を獲得し、改善するステップ**
- **実現には、顧客とサービス・プロバイダ双方を巻き込んだ継続的改善が必要。特に、顧客からのフィードバックが重要なインプットとなる**

COLUMN 利害関係者の価値についても考える

本章では、顧客とサービス・プロバイダとの関係性を中心にカスタマー・ジャーニーを説明しましたが、カスタマー・ジャーニーに関係する利害関係者はそれだけではありません。パートナやサプライヤ、競合他社、規制当局、労働組合、業界組織、コミュニティなど、カスタマー・ジャーニーに貢献したり、影響を与えたり、メリットを得たりする利害関係者は多数存在します。そのため、すべての主要な利害関係者の識別と、関係性の理解・管理が重要になります。

この管理手法として活用されるのが、**利害関係者マップ**です。利害関係者マップは、影響力と関心のレベルに応じて分類し、それぞれの関係性を定義します。

■利害関係者マップの例

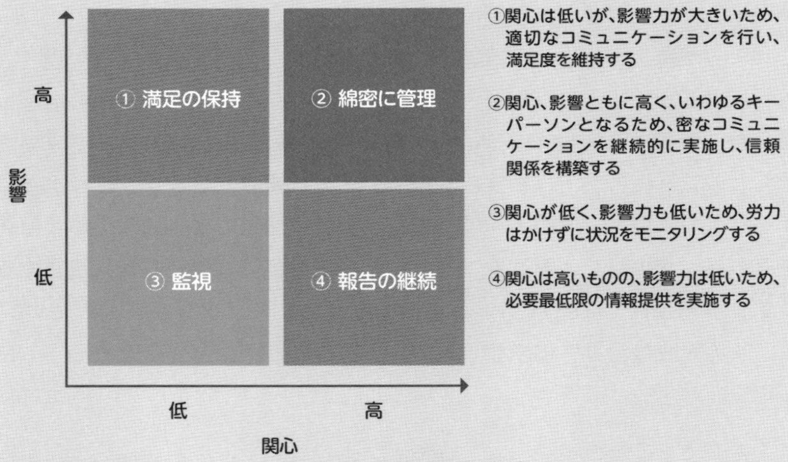

①関心は低いが、影響力が大きいため、適切なコミュニケーションを行い、満足度を維持する
②関心、影響ともに高く、いわゆるキーパーソンとなるため、密なコミュニケーションを継続的に実施し、信頼関係を構築する
③関心が低く、影響力も低いため、労力はかけずに状況をモニタリングする
④関心は高いものの、影響力は低いため、必要最低限の情報提供を実施する

ITサービス単位で利害関係者マップを定義し、各利害関係者とどのような関係性を維持するかを検討することで、それぞれの利害関係者に対して適切な価値を提供することが可能になります。

なお、本コラムで紹介した内容は、**関係管理プラクティス**で紹介されています。ご興味ある方は、そちらもご参照ください。

8章

ITILに関連するフレームワーク

世の中にはたくさんのフレームワークが存在しますが、各フレームワークは単独で存在するわけではなく、様々なフレームワークの良い部分を取り入れたり、参照したりすることで進化を遂げています。本章は、ITILと関連性が深いフレームワークであるアジャイル、DevOps、SIAMの概要について学びます。

57 アジャイル

アジャイルは、デジタル時代の俊敏性に対処するための重要な考え方であり、ITIL 4では様々な箇所でその要素が取り込まれています。本節では、アジャイルの価値観と、アジャイル・サービスマネジメントおよびITIL 4との関係性について見ていきましょう。

アジャイルとは

アジャイル（agile）とは、アジリティ（agility）の形容詞で、**俊敏な**という意味です。ソフトウェア開発の世界で使われ始めた言葉であることから、システム開発の手法と捉えている方も多いですが、**俊敏に価値を実現するための価値観や原則**であり、様々な分野で活用できます。

アジャイルの価値観を端的に示したものとして、「アジャイルソフトウェア開発宣言」があります。これはソフトウェア開発における宣言とされていますが、広く適用可能なアジャイルの価値観としても理解することができます。

■ アジャイルソフトウェア開発宣言※1（4つの価値観）

4つの価値観
「プロセスやツール」よりも「個人と対話」を プロセスやツールを活用しつつ、コミュニケーションを通じて個々の能力を引き出すことで、チームのパフォーマンスを最大化する
「包括的なドキュメント」よりも「動くソフトウェア」を ドキュメントによる可視化の限界を認識する。実際に動くもので素早く繰り返し検証し、そこから得られる学びを活かすことで、真の顧客要求を満たす
「契約交渉」よりも「顧客との協調」を 契約交渉も大切ではあるが、目的および目標を達成してよりよい価値を生み出すためには、企業や組織などお互いの立場を超えて協働することが重要である
「計画に従うこと」よりも「変化への対応」を 計画は必要であるが、不確実なものを無理に計画しない。変化に適応するため計画を随時見直し、変化に耐えるしくみを備える

また、これらの価値観の背景にある原則を、「アジャイル宣言の背後にある原則」として公開しています。

※1 http://agilemanifesto.org/iso/ja/manifesto.html

■ アジャイル宣言の背後にある原則※2

No	12の原則	概要説明
1	顧客価値の優先	顧客満足を最優先し、価値あるソフトウェアを早く、継続的に提供する
2	変更を味方に	要求の変更は、開発の後期であっても歓迎する
3	短期リリース	動くソフトウェアを、2～3週間から2～3ヶ月という、できるだけ短い間隔でリリースする
4	ビジネスとITの協働	事業部門と開発者は、プロジェクトを通して日々一緒に働く
5	支援型のリーダーシップ	意欲に満ちた人々を集めてプロジェクトを構成する。環境と支援を与え、仕事が無事終わるまで彼らを信頼する
6	対面での会話	情報を伝える最も効率的で効果的な方法は、対面での会話である
7	動くもので実測・検証	動くソフトウェアこそが、進捗の最も重要な尺度である
8	持続可能なペース	一定のペースで持続可能な開発を促進する
9	技術卓越性と優れた設計	技術的卓越性と優れた設計に対する不断の注意が、機敏さを高める
10	シンプルでムダなく	シンプルさ（ムダなく仕事量を最大化すること）が本質である
11	心理的安全・チーム	最良のアーキテクチャ・要求・設計は、自己組織化されたチームから生み出される
12	定期的なふりかえりと改善	チームが効率化の余地を定期的に振り返り、最適化する

ITIL 4におけるアジャイル

ITIL 4では、アジャイルの価値観や実践方法などを様々な形で取り込むことで、デジタル時代に求められる俊敏さに対応できるフレームワークに進化を遂げています。

・従うべき原則への適用

ITIL 4の従うべき原則には、俊敏性や柔軟性を高める原則が定義されており、これにはアジャイル宣言の背後にある原則が以下のように反映されています。

※2　https://agilemanifesto.org/iso/ja/principles.html

これにより、サービスの特性や目的に応じて、俊敏・柔軟に対応することが可能になります。

■従うべき原則とアジャイル宣言の背後にある原則の関係性

従うべき原則	アジャイル宣言の背後にある原則
フィードバックをもとに反復して進化する	・No.1～3　・No.8
協働し、可視性を高める	・No.4～6　・No.11
シンプルにし、実践的にする	・No.10
最適化し、自動化する	・No.12

・アジャイル・サービスマネジメント

サービスマネジメントの仕組みを組織に導入する際にも、アジャイルの価値観を適用できます。サービスマネジメントに関するすべての要件を洗い出した上で、設計・導入を行うウォーターフォール型のアプローチではなく、SaaSなどを活用しながら、必要最小限の要件を定義し、早期にリリースすることで顧客に価値を早く届けるアプローチです。これを**アジャイル・サービスマネジメント**と呼びます。

「ユーザサポート業務」のバリューストリームを例に、アジャイル・サービスマネジメントのアプローチを見ていきましょう。ユーザサポート業務を実践するにあたり、参照するプラクティスは多岐にわたりますが、すべての要件が満たされないとユーザサポートができないわけではありません。また、実際に使ってみないとわからない要件もあります。

この例では、2週間のサイクルで必要最小限の単位のプロセスおよび機能を定義し、リリースしています。なお、アジャイルにおいては、「反復する工程のサイクル」のことを**スプリント**、「必要最小限の単位のプロセスおよび機能」のことを、**MVP（Minimum Viable Product）**と呼びます。

このようなアジャイル・サービスマネジメントを実践することにより、すべての導入を待つことなく、2週間後にはサービスデスクとインシデント管理（問い合わせ）のプロセスおよび機能を利用して、顧客やユーザにサポート業務を提供できます。

■ アジャイル・サービスマネジメントの例（ユーザサポート業務）

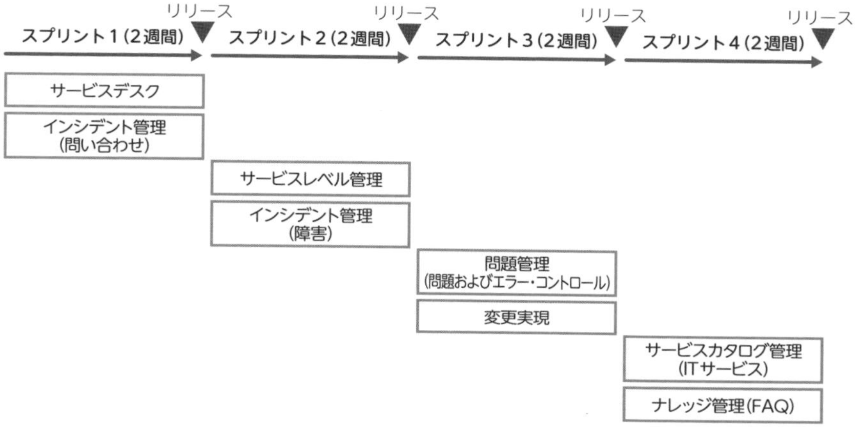

・アジャイルな改善活動の推進

SVCの1つである継続的改善にも、アジャイルの概念を適用することが可能です。例えば、月次での改善検討のサイクルから、ダッシュボードなどのツールを活用した日次／週次での報告および改善検討サイクルへの変更などが考えられます。これにより、限られたリソースをより価値のある改善活動に割り当てることが可能です。

■ アジャイルな改善活動の例

	これまでの改善活動	アジャイルな改善活動
期間	月次の改善検討	日次／週次の改善検討
ツール	月次報告書（手作業での集計）	ダッシュボード（ほぼリアルタイム）

まとめ

- アジャイルは、俊敏に価値を実現するための価値観や原則
- アジャイルの原則は従うべき原則に影響を及ぼし、デジタル時代に適用可能なフレームワークとしてITIL 4は進化を遂げている

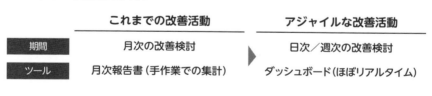

58 DevOps

DevOpsは、Dev（開発）とOps（運用）が協力し、いち早く顧客に価値を提供するための価値観です。デジタル時代の俊敏性に対処するための重要な考え方であり、ITIL 4では様々な箇所でその要素が取り込まれています。

DevOpsとは

DevOpsとは、**顧客にいち早く価値を提供するために、開発チーム（Dev）と運用チーム（Ops）が協力する価値観**です。

一般的に、開発側は「変化に対応するためのスピード」を重視する一方で、運用側は「安定性」を重視します。そのため、開発側は運用側に対して「サービス稼働のための基準が厳しすぎてリリースを阻害している」という不満を、運用側は開発側に対して「運用を踏まえたサービスデザインを考えていない」といった不満を持ち、両者が非協力的な関係性になってしまうことがありました。DevOpsはこれらの不満を、顧客にいち早く価値を提供するという共通目標を持つことで解消し、変化と安定のバランスを実現します。

また、DevOpsは価値観以外にも、無駄を最少化する継続的な改善プラクティスや、顧客への価値提供を高速・高品質で実現するテクノロジーを含みます。

■ DevOpsのコンセプト

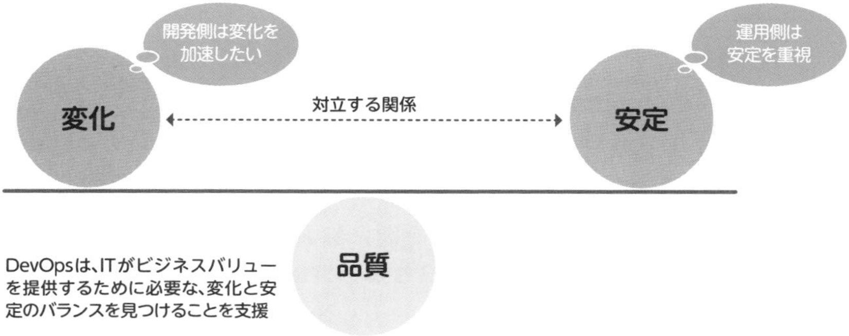

■ DevOpsによるITのゴール

1 より速い機能提供	2 コラボレーションとコミュニケーションの強化	3 より速い問題解決
4 ソフトウェアの継続的デリバリ	5 より生産性の高いチーム	6 管理すべき複雑性の削減
7 イノベーションにかける時間増大		

SREとは

DevOpsの価値観を実現するためには、開発側の新規機能などのリリーススピードを落とすことなく、運用の安定性を維持することが重要です。これを実現するために、運用側にもソフトウェアエンジニアリングの概念を適用したアプローチを**SRE（Site Reliability Engineering）**と言います。

SREは、ソフトウェアエンジニアリングを運用作業に適用し、開発側と同じツールを使って運用の生産性と安全性を高めます。また、運用課題を解決するための開発作業に時間を割くために、価値がなく、定期的に発生する運用作業（これをトイルと呼びます）を徹底的に自動化します。

またSREでは、サービス障害を最少化するための可用性や保守性の目標をSLO（サービスレベル目標）として設定し、それらをKPIとしてモニタリングします。SREでは特に、平均故障間隔（MTBF）、平均サービス回復時間（MTRS）をKPIとして、サービス障害時の回復力を高めることに尽力します。

■ SREにおけるKPI

平均故障間隔 Mean Time Between Failure (MTBF)	どれくらいの頻度でサービス障害を起こすかを測定 例：MTBFが4週間のサービスは、平均して毎年13回障害を発生させる
平均サービス回復時間 Mean Time to Restore Service (MTRS)	障害発生後、どれだけ早くサービスを復旧させることができるかを測定 例：MTRSが4時間のサービスは、障害から4時間で完全に回復する

エラーバジェットとは

開発と運用（SRE）が顧客にいち早く価値を提供するという共通目的を持っていても、それだけでは協力関係を築くことはできません。リリースのスピードと安定性のバランスを取るためのルールが必要となります。それが、**エラーバジェット**です。

エラーバジェットとは、サービスの信頼性がどの程度損なわれても顧客およびユーザが許容できるかを示す指標のことです。例えば、あるサービスのSLOが、サービスに対する処理の99.9%を正常に処理することであるとします。これは、サービスのエラーバジェットが、0.1%であることを意味します。サービス障害によって、予想されるサービスに対する処理の0.02%に失敗した場合、20%のエラーバジェットを消費したことになります。

エラーバジェットの残量に応じて、サービスリリースの速度を上げたり、下げたりする判断ができるため、エラーバジェットの消費状況を把握することで、リリース速度の適切なコントロールが可能になります。

■ エラーバジェットによるリリース速度のコントロール

・エラーバジェットに余裕がある場合
→顧客に価値をいち早く提供するために、新規開発や保守に時間を割り当て、開発速度を上げるのが妥当
・エラーバジェットを完全に使い果たした場合
→サービスの安定性を維持するために、テストとパフォーマンス改善により多くの時間を割き、開発速度を下げるのが妥当

ITIL 4におけるDevOps

ITIL 4では、DevOpsの価値観やプラクティスが様々な形で取り込まれています。

・従うべき原則への適用

従うべき原則では、DevOpsのゴールと関連する原則が組み込まれています。

■ 従うべき原則とDevOpsのゴールの関係性

従うべき原則	DevOpsのゴール
フィードバックをもとに反復して進化する	1. より速い機能提供 3. より速い問題解決
協働し、可視性を高める	2. コラボレーションとコミュニケーションの強化 5. より生産性の高いチーム
シンプルにし、実践的にする	6. 管理すべき複雑性の削減
最適化し、自動化する	4. ソフトウェアの継続的デリバリ 7. イノベーションにかける時間増大

・「新サービス導入」のバリューストリーム

「新サービス導入」(P.178参照)において、顧客へいち早く価値を提供するためのアプローチとして、DevOpsおよびSREの考え方が適用されています。

■ 各プラクティスへのDevOpsの適用

プラクティス	DevOpsの適用
展開管理	CI/CDフレームワークを採用したアジャイルまたはDevOps環境では、本プロセスの多くは自動化される
ソフトウェア開発および管理	運用および保守業務を効率化することを前提に、プロジェクト導入時にソフトウェアの運用および保守を自動化できるツールセットを導入する
インフラストラクチャおよびプラットフォーム管理	インフラの整備や自動化ツールの開発などを通じて、ITサービスの信頼性を高めるSREなどの管理アプローチを確立する

まとめ

- **DevOpsとは、顧客にいち早く価値を提供するために、開発チーム(Dev)と運用チーム(Ops)が協力する価値観**
- **DevOpsに関連するツール群は、技術的マネジメント・プラクティスの中で関連性を説明している**

59 SIAM

SIAMとは、Service Integration and Management（サービス統合と管理）の略で、サービスを提供する複数のパートナとサプライヤを管理するための知識体系（Body of Knowledge）として、ITIL 4でも活用されています。

SIAMとは

SIAM（Service Integration and Management：サービス統合と管理）とは、サービスを提供する複数のパートナとサプライヤを管理するための知識体系です。ITIL 4では、4つの側面の1つである「パートナとサプライヤ」における管理方法として、SIAMを参照しています。なおSIAMは、scopism社のホームページ※1より無料でダウンロードできます。

SIAMには、**「顧客組織」「SI（Service Integrator）」「サービス提供者（パートナとサプライヤ）」**という、3階層の構造があります。

■ SIAMの階層構造のイメージと定義※2

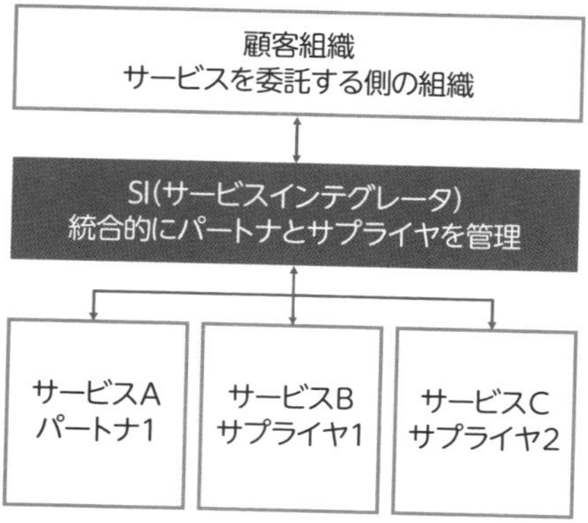

階層	説明
顧客組織	サービスを委託する（利用する）組織
SI	統合的にサービス提供者（パートナとサプライヤなど）を管理する組織
サービス提供者（パートナとサプライヤなど）	パートナやサプライヤなどサービスを提供する組織

※1 https://www.scopism.com/

SIAMの肝はSIです。パートナやサプライヤがそれぞれの品質基準、管理方法、報告内容、管理ツールなどを使って属人的な管理を実施するのではなく、SIが**全体最適な視点で管理方法を可視化、標準化**します。これにより、以下のようなメリットを得ることができます。

■ SIAM適用のメリット

- ・サービス品質の改善
- ・コスト最適化と価値の増大
- ・ガバナンスとコントロールの改善
- ・柔軟性とスピードの改善

ITIL 4におけるSIAM

SIAMは、複数のサービスを管理するポイントを示しており、ITIL 4の実践を補完しています。

・組織横断的なチームを立ち上げ、効果的に機能させるポイント

顧客、サービス・プロバイダ、利害関係者（パートナとサプライヤなど）が価値を共創するためには、組織横断的なチームを立ち上げ、調整していくことが重要です。これを実践するためのポイントとして、SIAMでは以下を挙げています。

■ 組織横断的なチームを立ち上げ、効果的に機能させるポイント

- ・役割と責任を明確にする
- ・最終目標と達成目標を明確にする
- ・ナレッジ、データおよび情報を共有し、アクセス可能にする
- ・会議と報告レベル、効果的なコミュニケーション方法を定義する
- ・ITSMツールを統合する

・プロセスの標準化、統合化のポイント

プロセスの標準化を推進するポイントとして、SIAMでは以下を挙げています。ITIL 4のバリューストリームや継続的改善のアプローチと同様の考え方で、その重要性を再確認できます。

■ プロセスの標準化、統合化のポイント

- プロセスの成果（アウトカム）を重視する
- 継続的にプロセスを改善する
- プロセスを改善するための会議体を設立する（プロセス・フォーラム）

・エンドツーエンドサービスの実現と報告のポイント

個々のパートナやサプライヤという観点ではなく、エンドツーエンドでサービスのパフォーマンス実績を評価および報告するポイントとして、SIAMでは以下を挙げています。

■ プロセスの標準化、統合化のポイント

- パフォーマンス管理と報告のフレームワークを活用する
- 報告書をビジュアル化する
- 定量的かつ定性的な測定を実施する

■ 報告書の例

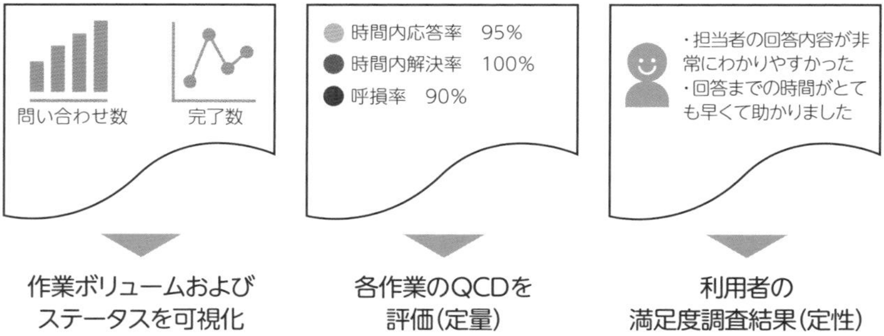

・**ITSMツール統合におけるポイント**

ITSMツール統合を推進するポイントとして、SIAMでは以下を挙げています。

■ ITSMツール統合におけるポイント

・ITSMツールを統合するための戦略とロードマップを策定する
・ITIL 4など業界標準の統合された技法を活用する
・ITSMツールおよびそのデータの所有者を明確にする
・オンボーディングおよびオフボーディングを容易にする
・データの定義が統一されるように用語を統一する

・**ITILプラクティス適用におけるポイント**

SIAMでは、ITIL 4の各プラクティスを活用するにあたり、サービス提供者（特に複数のパートナとサプライヤ）を管理するポイントを挙げています。いくつかのプラクティスについて、そのポイントをご紹介します。

■ プラクティス適用におけるポイント

プラクティス	ポイント
サービスレベル管理	サービス・プロバイダ、パートナとサプライヤを含んだ、エンドツーエンドのサービスレベル目標を定義する
インシデント管理	複数のパートナとサプライヤが関連するインシデントの調査を効果的に実施するため、役割と責任を明確に定義する
問題管理	サービス・プロバイダや複数のパートナとサプライヤが関与する問題を解決するための会議体を設定する
変更実現	変更のタイプ、承認レベルを標準化し、変更方針として定義する
サービス構成管理	CIについて、共有の対象項目の維持責任範囲を明確化する

まとめ

- **SIAMはサービスを提供する複数のパートナとサプライヤを管理するための知識体系**
- **組織横断的に標準化や継続的改善を推進するにあたって、実践のポイントを記載しており、ITIL 4との親和性は高い**

索引　Index

た行・な行

は行

ま行・や行・ら行・わ行

著者プロフィール

加藤 明（かとう あきら）

アビームコンサルティング株式会社 オペレーショナルエクセレンスビジネスユニット シニアマネジャー。組織変革を実現するためのソーシング戦略立案、ITサービスマネジメントを軸としたマルチベンダー管理、IT運用保守の継続的改善、組織のチェンジマネジメント等、幅広いコンサルティング業務に従事。主な保有資格はITILマスター、ITILマネージングプロフェッショナル、ITILストラテジックリーダー、ITILプラクティスマネージャー、VeriSMプロフェッショナル、EXIN SIAMプロフェッショナルなど。

■装丁 ―――――― 井上 新八
■本文デザイン・DTP ―― BUCH⁺
■協力 ―――――― 髙木 勝弘・櫻井 卓哉・清水 文香・淺田 聡美・柴田 莉緒

■お問い合わせに関しまして

・本書に関するご質問については、本書に記載されている内容に限定させていただきます。本書の内容を超えるものや、本書の内容と関係のないご質問につきましては、一切お答えできませんので、あらかじめご了承ください。
・電話でのご質問は受け付けておりませんので、Webの質問フォームにてお送りください。FAXまたは書面でも受け付けております。
・質問の際に記載いただいた個人情報は、質問の返答以外の目的には使用いたしません。また、質問の返答後は速やかに削除させていただきます。

●質問フォームのURL
https://gihyo.jp/book/2023/978-4-297-13801-1

※本書内容の訂正・補足についても上記URLにて行います。あわせてご活用ください。

●FAXまたは書面の宛先
〒162-0846 東京都新宿区市谷左内町21-13
株式会社技術評論社 書籍編集部
「図解即戦力 ITIL 4の知識と実践がこれ1冊でしっかりわかる教科書」係
FAX：03-3513-6183

図解即戦力《ずかいそくせんりょく》
ITIL《アイティル》® 4の知識《ちしき》と実践《じっせん》が これ1冊《いっさつ》でしっかりわかる教科書《きょうかしょ》

2023年11月7日 初版 第1刷発行
2024年8月14日 初版 第2刷発行

著者 アビームコンサルティング株式会社《かぶしきがいしゃ》 加藤明《かとうあきら》
発行者 片岡 巌
発行所 株式会社技術評論社
東京都新宿区市谷左内町21-13
電話 03-3513-6150 販売促進部
03-3513-6160 書籍編集部
印刷／製本 株式会社加藤文明社

ISBN978-4-297-13801-1 C3055
Printed in Japan